数据库原理实验指导

主　编◎陈建英

副主编◎傅春常　朱　晖

ShuJuKu YuanLi
SHIYAN ZHIDAO

电子科技大学出版社

图书在版编目（CIP）数据

数据库原理实验指导 / 陈建英主编. 一成都：电子科技大学出版社，2012. 9(2019．6重印)

ISBN 978-7-5647-0681-4

Ⅰ. ①数… Ⅱ. ①陈… Ⅲ. ①数据库系统 Ⅳ. ①TP311.13

中国版本图书馆 CIP 数据核字（2012）第 205868 号

内容提要

本书围绕《数据库原理》的核心理论知识，基于 SQL Server 2008 给出了大量的实验详解，详细地介绍了 SQL 的定义、查询、操纵和控制功能在 SQL Server 2008 平台上的具体实现，包括 SQL Server 2008 中的数据库、数据表、视图和索引的创建、更新和删除，数据表的简单和复杂查询，数据库的完整性和安全性控制，存储过程、触发器的创建、修改和删除，数据库的各种编程方式等，并完整地给出了一个基于 C/S 模式的数据库应用系统设计实例和一个基于 B/S 模式的数据库应用系统实例分析。

本书以教学管理为实验背景，把教学管理应用系统的设计与实现完整而详细地分解到各章节，由浅入深、由点及面，不仅可作为高等院校《数据库原理》课程的配套实验教材，亦可供使用 SQL Server 数据库进行应用软件设计和开发的读者学习和参考。

数据库原理实验指导

主　编　陈建英

副主编　傅春常　朱　晖

出　　版：电子科技大学出版社（成都市一环路东一段 159 号电子信息产业大厦　邮编：610051）
策划编辑：郭蜀燕
责任编辑：李述娜
主　　页：www.uestcp.com.cn
电子邮箱：uestcp@uestcp.com.cn
发　　行：新华书店经销
印　　刷：郫县犀浦印刷厂
成品尺寸：185mm×260mm　　印张 9　字数 213 千字
版　　次：2012 年 9 月第一版
印　　次：2019 年 6 月第 4 次印刷
书　　号：ISBN 978-7-5647-0681-4
定　　价：20.00 元

◆ 本社发行部电话：028-83202463；本社邮购电话：028-83201495。

◆ 本书如有缺页、破损、装订错误，请寄回印刷厂调换。

前　　言

《数据库原理》是高校计算机相关专业理论学习和实践操作并重的一门专业必修课，要求学生在深入学习数据库基础理论、技术和方法的同时，还要培养设计和开发数据库应用系统的实际动手能力。

目前，《数据库原理》实践课已有众多的配套实验教程和特定 DBMS 的实验指导书可供任课教师选择，但过于简单或繁杂的实验安排在具体实践教学中的可操作性都不太理想，零散的专题实验与完整应用系统设计和开发脱节也会造成实践教学的系统性缺失。为此，我们在多年课堂和实践教学的基础上，结合授课实际进度和特定课时数编写了这本基于 SQL Server 2008 的数据库原理实验指导书。本书以学生熟悉的教学环境为背景，把教学系统数据库实现涉及的数据库原理知识点分散到各章节，并在最后给出该系统基于 C/S 模式的具体设计步骤和部分功能的实现方法，附加实例分析作为对 B/S 模式下的数据库应用系统设计与实现的补充。

本书按 24 个课时的实践时间共安排了 13 个实验，实验 1～10 由陈建英编写，均可分别在 2 个实验课时完成并提交作业；实验 11 由傅春常编写，可选作或任选一种编程方式提交作业；实验 12 由陈建英和傅春常指导、2008 级吴金蓉和梅天杰同学设计并实现；实验 13 由朱晖设计、实现并编写。

由于编者水平有限，难免存在疏漏、欠妥，甚至错误之处，敬请广大读者不吝指教，并提出宝贵意见和建议，编者不胜感谢。

编　者

2011 年 12 月

目 录

实验 1　SQL Server 2008

【实验目的】

（1）结合课程内容理解关系模式、关系、关系数据库和关系数据库管理系统等概念；
（2）了解 SQL Server 2008 的工作环境，学会基本操作方法；
（3）为后续实验搭建数据平台。

【知识点拨】

1．关系

$D1 \times D2 \times \cdots \times Dn$ 的具有语义的一个有限子集叫做在域 *D*1，*D*2，…，*Dn* 上的关系，表示为 *R*（*D*1，*D*2，…，*Dn*）。

R：关系名；

n：关系的目或度（Degree）。

2．关系模式

关系模式是对关系的描述，包括关系中的以下部分。

（1）元组集合的结构包括属性构成、属性来自的域、属性与域之间的映像关系；
（2）元组语义以及完整性约束条件；
（3）属性间的数据依赖关系集合。

因此，关系模式可以形式化地表示为 *R*（*U*，*D*，*dom*，*F*），其中，*R* 表示关系名，*U* 表示组成该关系的属性名集合，*D* 表示属性组 *U* 的属性所来自的域，*dom* 表示属性向域的映像集合，*F* 表示属性间的数据依赖关系集合。

关系模式通常可以简记为 *R*（*U*）或 *R*（*A*1，*A*2，…，*An*），其中，*A*1，*A*2，…，*An* 为属性名，域名及属性向域的映像常常直接说明为属性的类型、长度。

关系模式与关系的联系与区别：关系模式是对关系的描述，是静态的，相对稳定；关系是关系模式在某一时刻的状态或内容，是动态的，随时间不断变化。关系模式和关系往往统称为关系，通过上下文加以区别。

3．关系数据库（Relational Database，RDB）

在一个给定的应用领域中，所有实体及实体之间联系的关系的集合构成一个关系数据库。

关系数据库也有型和值之分。关系数据库的型称为关系数据库模式，是对关系数据库的描述，包括若干域的定义和在这些域上定义的若干关系模式；关系数据库的值是这些关系模式在某一时刻对应的关系的集合，通常简称为关系数据库。

关系数据库管理系统（Relational Database Management System，RDBMS）是基于关

系数据模型的 DBMS，即 RDBMS。

常见的 RDBMS：

（1）IBM 的DB2。

DB2 是 IBM 著名的关系型数据库产品，DB2 系统在企业级的应用中十分广泛。

（2）Oracle。

Oracle 公司是最早开发关系数据库的厂商之一，其产品支持最广泛的操作系统平台。

（3）SQL Server。

Microsoft SQL Server 是微软公司开发的大型关系型数据库系统。SQL Server 的功能比较全面，效率高，可以作为中型企业或单位的数据库平台。SQL Server 可以与 Windows 操作系统紧密集成，不论是应用程序的开发速度还是系统事务处理的运行速度，都能得到较大的提升。对于在 Windows 平台上开发的各种企业级信息管理系统来说，不论是 C/S（客户机/服务器）架构还是 B/S（浏览器/服务器）架构，SQL Server 都是一个很好的选择。SQL Server 的缺点是只能在 Windows 系统下运行。

（4）MySQL。

MySQL 是一个小型关系型数据库管理系统，开发者为瑞典 MySQL AB 公司。在 2008 年 1 月 16 号被 Sun 公司收购。目前 MySQL 被广泛地应用在 Internet 上的中小型网站中。由于其体积小、速度快、总体拥有成本低，尤其是开放源码这一特点，许多中小型网站为了降低网站总体拥有成本而选择了 MySQL 作为网站数据库。

（5）Access。

Access 是入门级小型桌面数据库，性能安全性都很一般，是美国 Microsoft 公司于 1994 年推出的微机数据库管理系统。它具有界面友好、易学易用、开发简单、接口灵活等特点，是典型的新一代桌面关系型数据库管理系统。它结合了 Microsoft Jet Database Engine 和图形用户界面两项特点，是 Microsoft Office 的成员之一。

（6）FoxPro。

Visual FoxPro 由 FoxPro 延伸而来，原名 FoxBase，是美国 Fox Software 公司在 1984 年推出的数据库产品。2007 年 3 月，微软公司宣布 Visual FoxPro 9 将是微软的最后一款桌面数据库开发工具软件，今后将永远不会出现 Visual FoxPro 10。微软将会为 Visual FoxPro 9 的普通用户提供支持到 2010 年 1 月 12 日，购买扩展支持服务的用户将可获得到 2015 年 1 月 13 号的服务。Visual FoxPro 只能在 Windows 系统下运行。

【实验内容】

（1）了解 SQL Server 2008 的工作环境；

（2）掌握 SQL Server 2008 的 SSMS（SQL Server Management Studio）的基本操作方法；

（3）学会使用企业管理器创建、删除数据库；

（4）学会使用企业管理器创建、删除和修改基本关系及录入数据；

（5）学会分离和附加数据库；

（6）学会使用联机丛书。

【实验步骤】

1．启动数据库服务

第一步：点击“开始”按钮→指向“Microsoft SQL Server 2008”→指向“配置工具”→指向“SQL Server 配置管理器”，如图 1-1 所示。

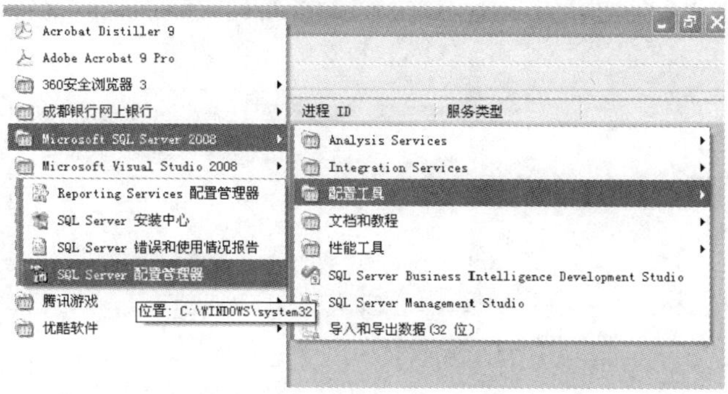

图 1-1　打开 SQL Server 配置管理器

第二步：在 SQL Server 配置管理器的左窗格选中“SQL Server 服务”，在右窗格中找到“SQL Server”，单击右键通过选择“启动/停止/暂停”来启动、停止和暂停 SQL Server 服务。如图 1-2 所示，SQL Server（CJYDB）为启动状态。

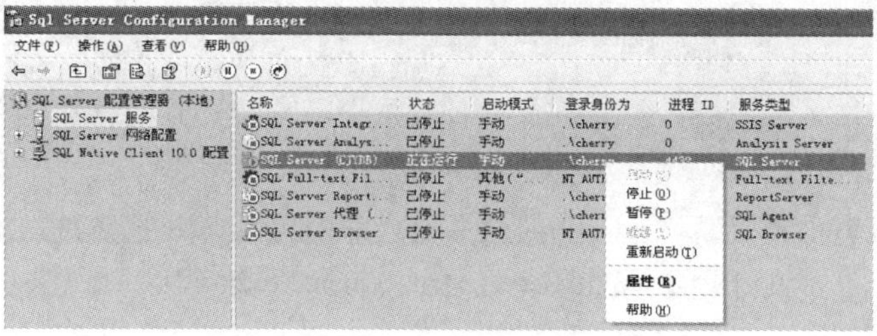

图 1-2　启动 SQL Server 服务

2．打开 SQL Server Management Studio

第一步：点击“开始”按钮→指向“Microsoft SQL Server 2008”→指向“SQL Server Management Studio”，如图 1-3 所示。

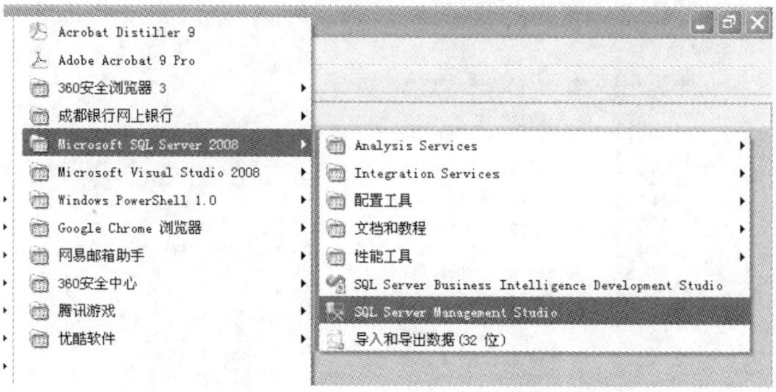

图 1-3　启动 SQL Server Management Studio

第二步：连接到服务器。选择服务器类型为“数据库引擎”，选择或输入服务器名称（如 7D573C420CF7433\CJYDB），选择身份验证方式（Windows 身份验证或 SQL Server 身份验证），点击“连接”按钮，如图 1-4 所示。

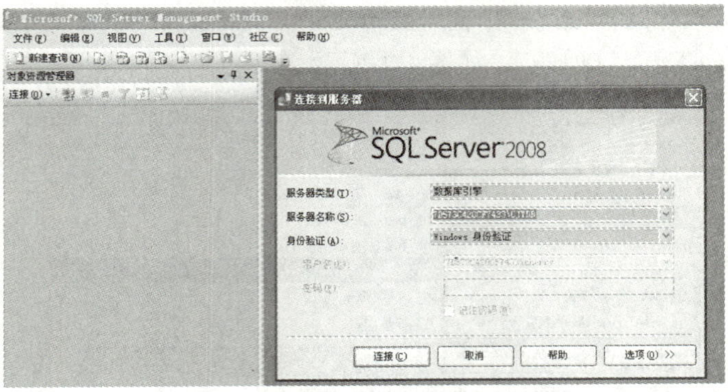

图 1-4　连接 SQL Server 服务器

第三步：连接成功后启动“SQL Server Management Studio”窗口，如图 1-5 所示。

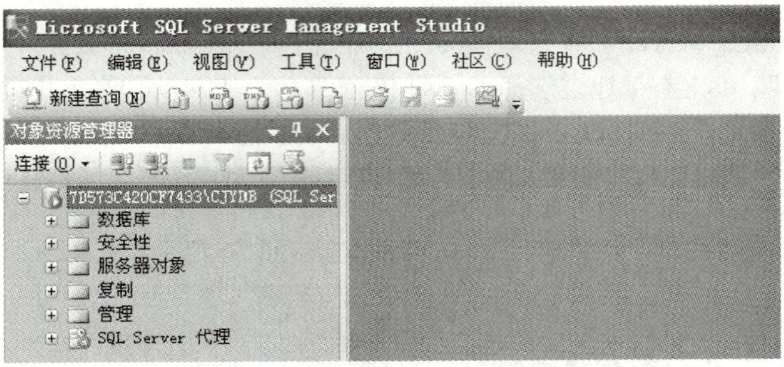

图 1-5　SQL Server Management Studio 窗口

3．创建数据库

第一步：在对象资源管理器窗中右击“数据库”→“新建数据库”，如图 1-6 所示。

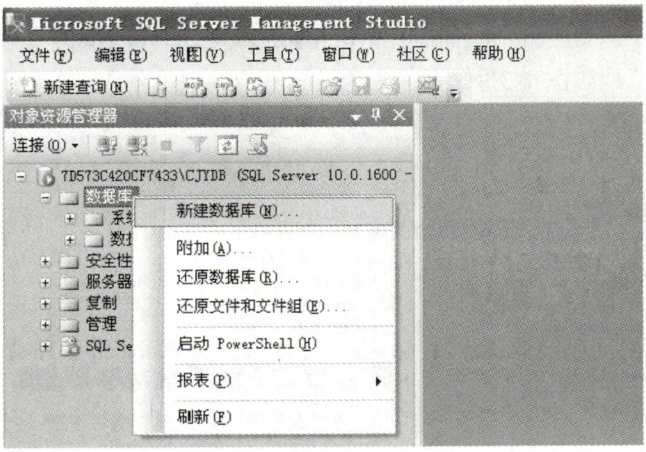

图 1-6　新建数据库

第二步：打开“新建数据库”窗口，如图 1-6 所示，给定“数据库名称”（如 Cjy_JX）并选择保存“路径”后“确定”，如图 1-7 所示。

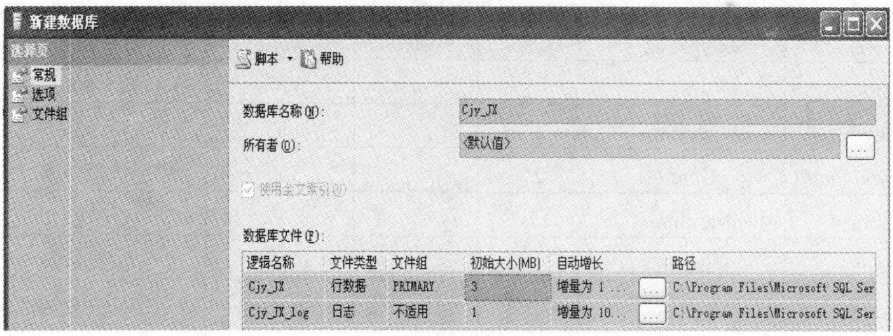

图 1-7　新建数据库 Cjy_JX

4. 创建表

在新建数据库中创建以下 4 个关系（暂时不考虑备注内容）。

（1）学生信息表 Student，结构如表 1-1 所示。

表 1-1　Student

属性名	数据类型	长度	小数位数	允许空否	备注
Sno	Char	5		N	学号，主码
Sname	Varchar	10		Y	姓名
Ssex	Char	2		Y	性别
Sbirth	Smalldatetime			Y	出生日期
Sdept	Varchar	20		Y	所在系名
Sparent	Varchar	20		Y	家长

在“对象资源管理”窗格展开数据库“Cjy_JX”中，右击“表”，选择“新建表”，在弹出的窗格中按如上结构输入每个属性的名称、数据类型、宽度等，如图 1-8 所示。当所有属性输入完毕，点击保存并输入表名“Student”。

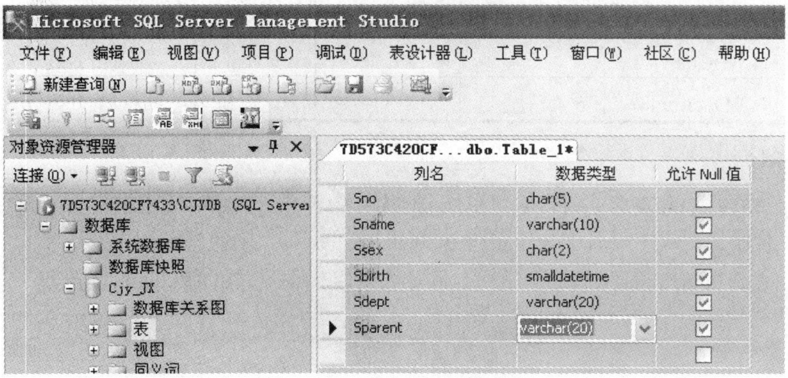

图 1-8　新建学生信息表 Student

（2）教师信息表 Teacher，结构如表 1-2 所示。

表 1-2　Teacher

属性名	数据类型	长度	小数位	允许空否	备 注
Tno	Int			N	教工号，主码
Tname	char	10		Y	姓名
Tsex	Char	2		Y	性别，默认为“男”
Tphone	Varchar	12		Y	电话
Tdept	Varchar	20		Y	系名
Taddr	Varchar	30		Y	家庭住址
Tprof	Varchar	10		Y	职称
Tpay	Decimal	8（精度）	2	Y	工资
Tweight	smallint			Y	体重

（3）课程信息表 Course，结构如表 1-3 所示。

表 1-3　Course

属性名	数据类型	长度	小数位数	允许空否	备注
Cno	Char	3		N	课程号，主码
Cname	Varchar	20		Y	课程名称
Cpno	Char	3		Y	先行课号
Credit	Decimal	3（精度）	1	Y	学分

（4）选课信息表 SC，结构如表 1-4 所示。

表 1-4　SC

属性名	数据类型	长度	小数位	允空否	备注
Sno	Char	5		N	学号，主属性，外码
Cno	Char	3		N	课程号，主属性，外码
Tno	Char	5		N	教工号，主属性，外码
Grade	Decimal	5（精度）	1	Y	成绩，0<=Grade<=100

5．录入数据

选择要录入数据的表名并右击，在快捷菜单中选择“编辑前 200 行”，输入数据如图 1-9～图 1-12 所示。

Sno	Sname	Ssex	Sbirth	Sdept	Sparent
06001	张睿智	男	1994-06-05 00:...	计算机	NULL
06002	李强	男	1992-11-13 00:...	计算机	NULL
06003	王士文	男	1994-07-08 00:...	外国语	NULL
06004	欧阳开元	男	1994-05-09 00:...	电子工程	NULL
06005	张明明	女	1994-03-20 00:...	电子工程	NULL
06006	陈东升	男	1993-06-09 00:...	计算机	NULL
06007	胡晓明	女	1993-07-21 00:...	电子工程	NULL
06008	乔羽	女	1994-11-10 00:...	外国语	NULL
06009	刘文红	女	1992-06-12 00:...	外国语	NULL
06010	高叔阳	男	1994-08-15 00:...	计算机	NULL
NULL	NULL	NULL	NULL	NULL	NULL

图 1-9　学生信息表 Student

7D573C420CF... dbo.Teacher

Tno	Tname	Tsex	Tphone	Tdept	Taddr	Tprof	Tpay	Tweight
1	刘明	男	13980234566	计算机	成都市洗面桥街23号	教授	5467.89	56
2	王芳	女	13980280236	计算机	成都市武侯祠大街23号	副教授	4890.23	47
3	李庆...	男	13889701249	外国语	成都市浆洗街11号	讲师	3786.45	64
4	曾书...	男	18980027665	电子工程	成都市建设南路9号	副教授	4998.43	62
5	杨晓...	女	15065432168	外国语	成都市双楠街15号	副教授	4567.00	48
6	刘晓...	男	18980027366	电子工程	成都花园12-4-6	教授	5687.20	NULL
NULL	NULL	NULL	NULL	NULL	NULL	NULL	NULL	NULL

图 1-10　教师信息表 Teacher

7D573C420CF...- dbo.Course

Cno	Cname	Cpno	Credit
1	数据库	5	4.0
2	数学	NULL	2.0
3	信息系统	1	4.0
4	操作系统	6	3.5
5	数据结构	7	4.0
6	数据处理	NULL	2.0
7	PASCAL语言	6	3.0
NULL	NULL	NULL	NULL

图 1-11　课程信息表 Course

7D573C420CF..._JX - dbo.SC

Sno	Cno	Tno	Grade
06001	2	4	67.0
06001	3	5	78.0
06001	5	2	89.0
06002	3	5	90.0
06002	4	1	98.0
06004	3	5	89.0
06004	4	1	92.0
06004	6	3	58.0
06004	7	4	79.0
06008	1	3	78.0
06009	1	3	70.0
NULL	NULL	NULL	NULL

图 1-12　选课信息表 SC

6. **分离和附加数据库**

(1) 分离数据库。

第一步：找到需要分离的数据库存储地址并记下；

第二步：分离数据库，如图 1-13 所示。

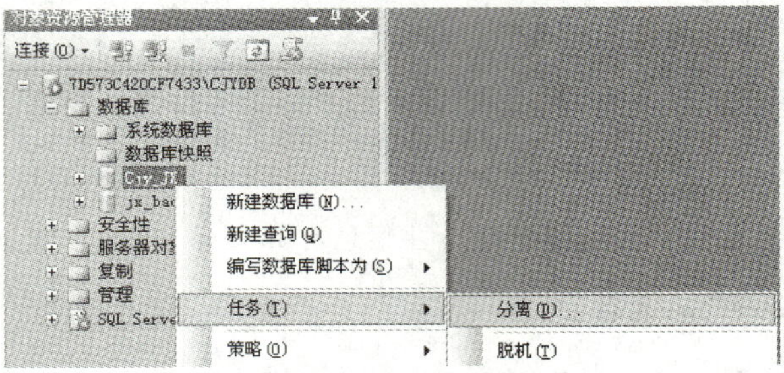

图 1-13　分离数据库

(2) 附加数据库。

第一步：附加数据库，如图 1-14 所示。

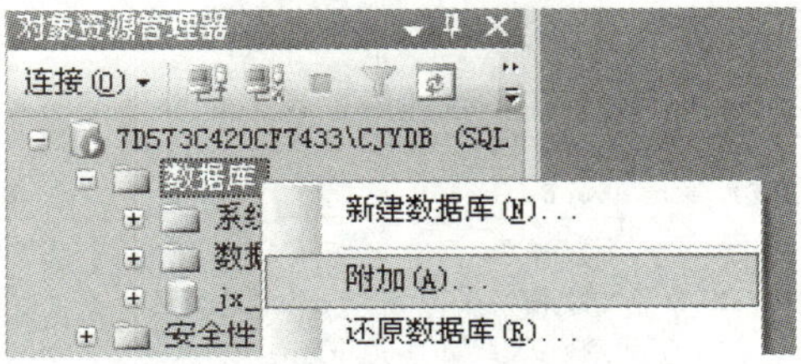

图 1-14　附加数据库（1）

第二步：点击弹出的“附加数据库”窗口“添加”按钮，定位到要附加的数据库文件后点击“确定，如图 1-15 所示。

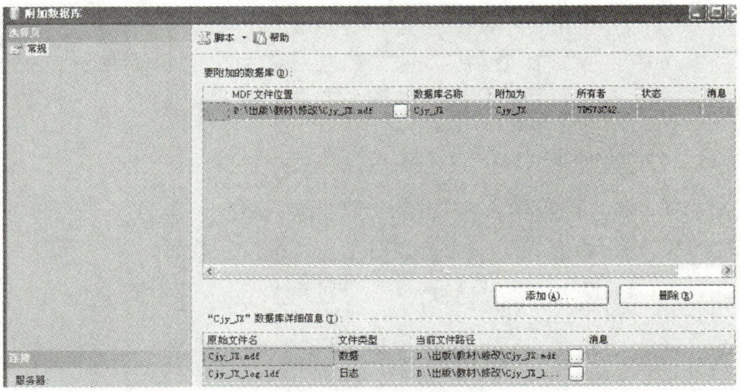

图 1-15　附加数据库（2）

7. **SQL Server 教程和联机丛书**

SQL Server 的教程和联机丛书提供了多种使用方式，可帮助我们解决在使用 SQL Server 2008 中的几乎所有问题。学会使用联机丛书对我们学习 SQL Server 有着非常重要的作用。

实验 2　SQL 的数据定义功能

2.1　知 识 链 接

2.1.1　SQL 的功能

SQL 是 RDBMS 的标准化查询语言，它集数据查询、数据定义、数据操纵和数据控制功能于一体，可分别由数据查询语言（Data Query Language，DQL）、数据定义语言（Data Definition Language，DDL）、数据操纵语言（Data Manipulation Language，DML）和数据库控制语言（Data Control Language，DCL）实现。

2.1.2　SQL 定义功能中定义的对象

SQL 定义功能中的对象包括模式、基本表、视图和索引：

（1）模式：定义模式实际上就是定义了一个数据库的命名空间，基于该空间可进一步定义该模式所包含的基本表、视图、索引等数据库对象。在实验中，我们通过定义数据库代替模式的定义。

（2）基本表：定义了数据库的命名空间后，首先要做的就是定义其包含的基本表结构，即关系模式。

（3）视图：可根据应用的需要定义多个视图。视图是基于一个或几个基本表（或视图）导出的一个虚表，因仅存储了视图的定义，故不产生冗余数据。

（4）索引：可根据应用环境的需要在基本表上建立一个或多个索引，以提供多种存取路径，提高查询效率。

2.2　基本表的定义

基本表的定义包括创建表、修改表和删除表。

【实验目的】

通过在 MS SQL Server 2008 上练习创建、删除、修改基本表，掌握 SQL 语句定义基本表的语法。

【实验内容】

使用 SQL 语句创建、删除和修改基本表。

2.2.1 创建基本表

【语法格式】

CREATE TABLE <表名>

(<属性名 1> <数据类型> [宽度] [default 默认值] [not null]

[primary key] [check（条件）]

[, <属性名 2> <数据类型> [default 默认值] [not null] [, ……]

[, primary key（<属性名> [, 属性名] ……）]

[, foreign key （<属性名> [, 属性名] ……）references <表名>（<属性名> [, 属性名] ……）]

[, check（条件）])

【应用举例】

【例 2-1】按实验 1 中的教师信息表结构要求创建教师信息表 Teacher_2。

操作步骤如下：

①用如下两种方法之一设置当前数据库 JX。

第一种：在工具栏的“可用数据库”中选择数据库“JX”，设置“可用数据库”组合框内的数据库名称为“JX”，如图 2-1 所示。

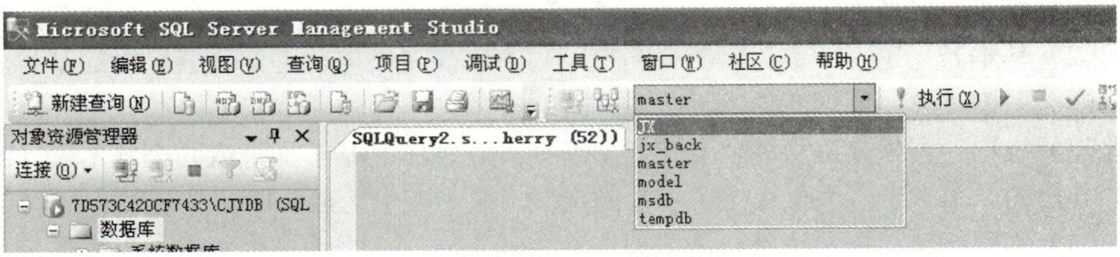

图 2-1 在工具栏中设置当前数据库 JX

第二种：点击“新建查询”按钮，并在查询窗口中输入命令并“执行”，如图 2-2 所示。观察“可用数据库”组合框内的数据库名称变化。

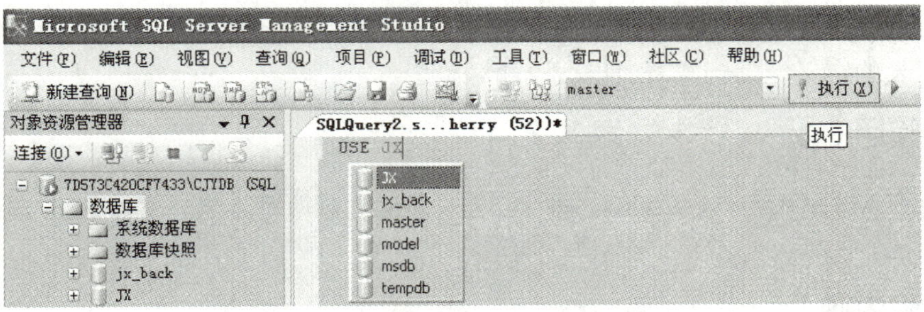

图 2-2 用 SQL 命令设置当前数据库 JX

②单击工具栏中的“新建查询”按钮（若已存在查询编辑窗口则省略），在弹出的查询编辑窗口中输入 SQL 命令，如图 2-3 所示。

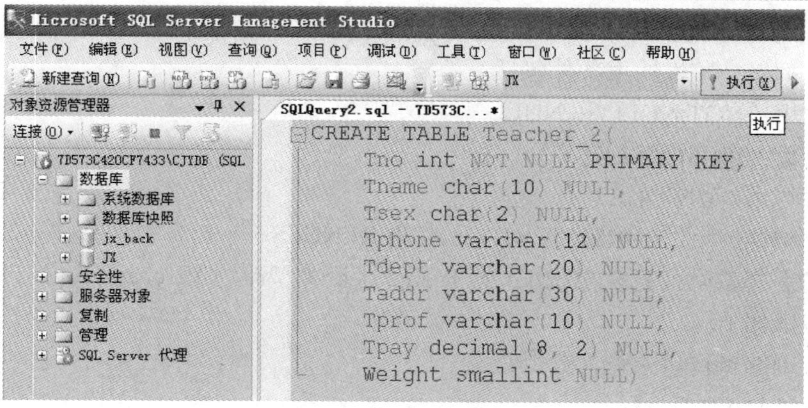

图 2-3　输入 SQL 命令

③单击工具栏的“执行”命令按钮，若无语法错误且成功执行，则在“消息”窗格中显示“命令已成功完成”，刷新数据库“JX”后看见新增加的表“dbo.Teacher_2”，如图 2-4 所示；否则，会在消息窗格中显示相应的错误信息，可据此修改 SQL 语句。

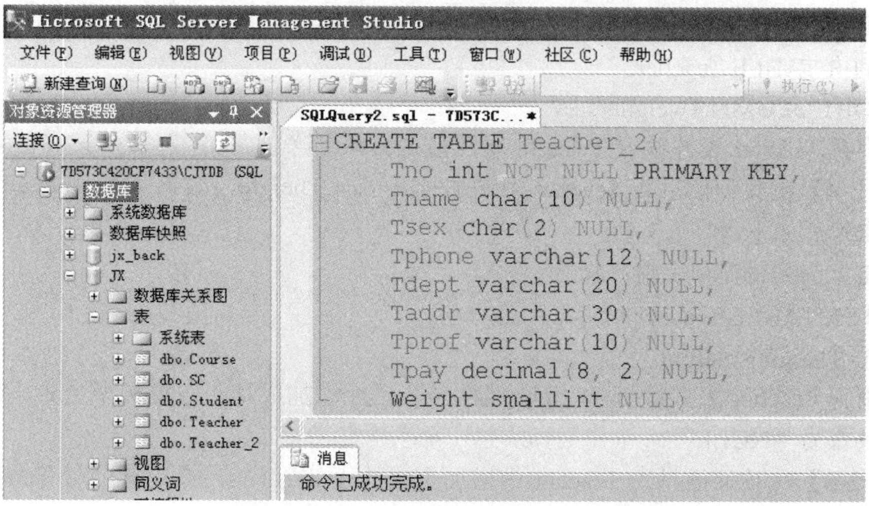

图 2-4　用 SQL 语句创建 Teacher 表

④右单击该表并在快捷菜单中点击“设计（G）”，可查看该表结构及各属性的详细信息，同时也可在此设计器中进行修改。

2.2.2　修改基本表

【语法格式】

ALTER TABLE　<表名>
[add <属性名> <数据类型> [<列级完整性约束条件>]]　　--增加新列
[add <完整性约束名> <完整性约束>]　　--增加约束
[drop <完整性约束名>]　　--删除约束
[drop column <属性名>]　　--删除列

[alter column <属性名> <数据类型> [<列级完整性约束>]]　　　　--修改列

其中，列级完整性约束条件包括：

空值约束：NOT NULL 和 NULL

主码约束：PRIMARY KEY

唯一性约束：UNIQUE

参照完整性约束：FOREIGN KEY…REFERENCES…

【例 2-2】 把教师信息表 Teacher 的 Tname 字段类型改为 Varchar(12)。

操作步骤如下：

①在查询编辑窗口中输入命令：

```
ALTER TABLE Teacher
ALTER COLUMN Tname VARCHAR(12)
```

②刷新 Teacher 表并检查 Tname 属性的数据类型和宽度变化。

【例 2-3】 删除教师信息表 Teacher 的 Tweight 字段。

操作如下：

①在查询编辑窗口中输入命令：

```
ALTER TABLE Teacher
DROP COLUMN Tweight
```

②刷新 Teacher 表并检查 Tweight 属性是否已经删除。

【例 2-4】 在教师信息表 Teacher 中增加身高字段 Theight，数据类型为 smallint。

操作步骤如下：

①在查询编辑窗口中输入命令：

```
ALTER TABLE Teacher
ADD Theight smallint
```

②刷新 Teacher 表并检查 Theight 属性是否已经添加成功，数据类型是否正确，检查数据列是否为“NULL”。

【例 2-5】 在教师信息表 Teacher 中增加主码约束 PK_Tno，设定教师号 Tno 为主码。

操作步骤如下：

①在查询编辑窗口中输入命令：

```
ALTER TABLE Teacher
ADD CONSTRAINT PK_Tno PRIMARY KEY(Tno)
```

②刷新 Teacher 表并检查主码是否设置成功。

2.2.3　删除基本表

【语法格式】

DROP TABLE <表名 1> [,<表名 2> ……]

【应用举例】

【例 2-6】 删除新建的教师信息表 Teacher_2。

操作步骤如下：

①在查询编辑窗口中输入命令：

DROP TABLE Teacher_2

②刷新数据库 JX 并检查是否删除成功。

2.3　索引的定义

【实验目的】

通过在 MS SQL Server 2008 上练习创建、删除索引，掌握 SQL 语句定义索引的语法。

【实验内容】

使用 SQL 语句创建和删除索引。

【语法格式】

2.2.1　创建索引

CREATE [UNIQUE] [CLUSTERED] INDEX <索引名>

ON <表名>(<属性名>[ASC | DESC] [,<属性名>[ASC | DESC]……])

其中，索引的类型有两种，分别为：

唯一索引：UNIQUE

聚集索引：CLUSTERED

2.2.2　删除索引

DROP INDEX ON <表名>.<索引名>

【应用举例】

【例 2-7】检查教师信息表 Teacher 是否存在索引，若无，请创建。

操作步骤如下：

①打开 Teacher 表设计器。

②右击表设计器窗格的空白处，在弹出的快捷菜单中点击“索引/键”，可见 Teacher 表已建立聚集索引，如图 2-5 所示。

✧ 分析：SQL Server 会在创建主码的同时自动为主码属性组创建聚集索引。由图 2-5 可见，Teacher 表已在属性 Tno 上建立了主码 PK_Tno，因此，该表已存在相应的聚集索引。

【例 2-8】检查学生信息表 Student 是否存在索引，若无，请在 Sno 上创建聚集索引 Index_Sno。

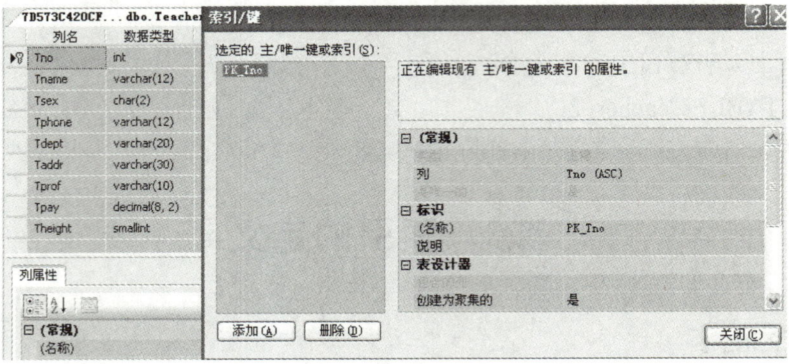

图 2-5　查看 Teacher 表的索引

操作步骤如下：

①如【例 2-7】中的步骤，检查到 Student 没有索引；

②在查询编辑窗口中输入如下 SQL 语句并"执行"；

CREATE CLUSTERED INDEX Index_Tno ON Student(Sno)

③单击工具栏的"执行"按钮执行该 SQL 语句。若成功，在"消息"窗格中显示"命令已成功完成"，否则，在消息窗格中显示相应的错误信息，可据此修改 SQL 语句。

【例 2-9】在教师信息表 Teacher 上创建按 Tname 降序的唯一索引 Index_Tn，如图 2-6 所示。

操作步骤如下：

①在查询编辑窗口中输入如下 SQL 命令：

CREATE UNIQUE INDEX INDEX_Tn ON Teacher(Tname DESC)

②单击工具栏的"执行"按钮，若成功，在"消息"窗格中显示"命令已成功完成"，否则，在消息窗格中显示相应的错误信息，可据此修改 SQL 语句。

③检查索引是否创建成功。

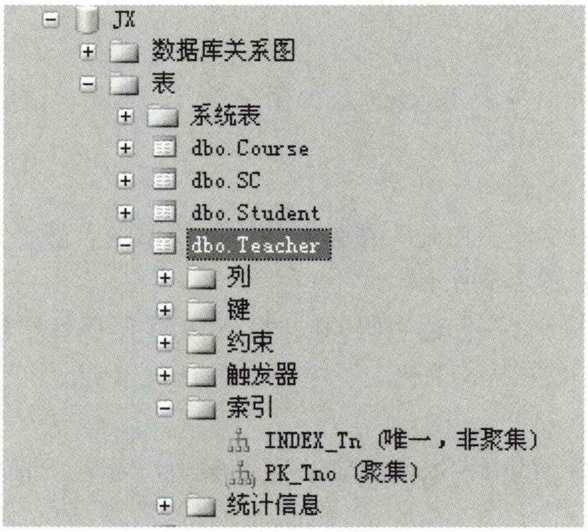

图 2-6　成功创建索引 Index_Tn

【例 2-10】教师信息表 Teacher 上建一个按 Tdept 升序和按 Tname 降序的组合索引

Index_Tt。

SQL 命令如下：

CREATE INDEX INDEX_Tt ON Teacher(Tdept,Tname DESC)

【例 2-11】 删除教师信息表 Teacher 上基于 Tname 的唯一索引 Index_Tn。

SQL 命令如下：

DROP INDEX Teacher.INDEX_Tn

【上机作业】

（1）基本表的创建、修改和删除。

①使用 SQL 语句为 SC 表定义主码 PK_SCT，主属性包括 Sno，Cno 和 Tno。

②把教师信息表 Teacher 中的教工号字段类型修改为 CHAR（4）。

③删除学生信息表中的 Sparent 字段。

④在学生表中增加总学分（Total）字段，用于描述学生所获得的总学分，数据类型为 decimal(4,1)，默认值为 0。

（2）索引的创建和删除：请使用 SQL 命令和索引管理器综合练习。

①检查以上几张表是否已经建立了索引，如果有，是什么索引？

②在 Course 表的 Cno 字段创建聚集索引 Index_Cno，并检查数据的排列顺序。

③在 Student 表的 Sname 列上创建降序唯一索引 Index_Sname，并检查数据的排列顺序。

④在 Teacher 表的“姓名”和“系名”字段上创建一个组合索引 Index_TX。

⑤在 SC 表的 Grade 字段上创建一个降序索引 Index_Grade。

⑥删除④创建的索引 Index_TX。

（3）使用向导定义 JX 数据库表的约束条件（选做）。

①检查 JX 数据库所有表是否存在主键约束，若不存在，请创建。

②在 SC 表的 Sno 字段创建外键约束，引用 Student 表的 Sno 字段；在 SC 表的 Cno 字段创建外键约束，引用 Course 表的 Cno 字段；在 SC 表的 Tno 字段创建外键约束，引用 Teacher 表的 Tno 字段。

③在 Teacher 表上创建 Unique 约束 Unique_TNP，不允许出现姓名和联系电话完全一样的教师记录。

④在 Student 表中创建 Default 约束 Df_Sbirth，当用户插入学生记录的时候，如果没有提供 Sbirth 字段的值，那么获取系统当前的日期作为默认值（使用系统函数 getdate()）。

⑤在 SC 表中创建 Check 约束 Ck_Grade，限制用户在插入或更改成绩时，不能超过 0～100 的范围。

实验 3 SQL 的简单查询功能

3.1 知 识 链 接

3.1.1 SELECT 语句简介

数据库查询操作是所有数据库系统的核心操作，SQL 提供 SELECT 语句实现数据库的查询功能。SELECT 语句是 SQL 语言中使用频率最高的语句，具有灵活的使用方式和丰富的查询功能，可以完成简单的单表查询，也可以完成复杂的连接查询、嵌套查询和集合查询。

3.1.2 单表查询及其类型

单表查询是指查询对象是单个表或视图的查询。

单表查询的类型包括：

（1）查询指定目标列。目标列包括表或视图的若干属性列、全部属性列、常量和计算表达式等。

（2）查询满足指定条件的若干元组。查询条件用相应的条件表达式描述，常用的查询条件包括：

①比较大小

格式：<属性名> <比较运算符> <常量值或能得到常量值的计算表达式>

比较运算符一般包括：=、＞、＜、＞=、＜=、!＞、!＜、!=(或＜＞)。

②确定范围

格式：<属性名> [NOT] BETWEEN <范围下限> AND <范围上限>

功能：查询属性值在（或不在）指定范围内的元组。

③确定集合

格式：<属性名> [NOT] IN (值 1，值 2……)

功能：查询属性值属于（或不属于）指定集合的元组。

④字符串匹配

格式：<属性名> [NOT] LIKE "<匹配串>" [ESCAPE "<转义字符>"]

功能：查询指定属性列值与<匹配串>匹配（或不匹配）的元组。

匹配串的格式包括：确定字符串、带通配符的字符串（通配符包括代表任意多个字符的"%"和代表 1 个字符"_"）。

（3）统计查询。

功能：通过使用聚集函数实现元组记录数、最大（小）值、总和和平均值的统计查询。

五类主要聚集函数：

①计数

COUNT（[DISTINCT|ALL] *）

COUNT（[DISTINCT|ALL] <列名>）

②计算总和

SUM（[DISTINCT|ALL] <列名>）

③计算平均值

AVG（[DISTINCT|ALL] <列名>）

④求最大值

MAX（[DISTINCT|ALL] <列名>）

⑤求最小值

MIN（[DISTINCT|ALL] <列名>）

-DISTINCT 短语：在计算时要取消指定列中的重复值

-ALL 短语：不取消重复值

-ALL 为缺省值

（4）排序查询结果。

格式：ORDER BY [属性 1] [ASC|DESC][，<属性 2>[ASC|DESC]…]

功能：按指定的一个或多个属性升序（ASC，缺省值）或降序（DESC）排序查询结果。当排序属性有多个时，先按第一个属性排序，第一个相同按第二个属性排序，以此类推。

（5）分组查询。

功能：按指定的一个或多个属性值相等进行分组，将聚集函数的作用细化到分组。

格式：GROUP BY <列名 1>[，<列名 2>…][HAVING <条件表达式>]

3.2　单 表 查 询

【实验目的】

（1）掌握按指定目标列的查询；

（2）掌握带比较大小、确定集合、确定范围和字符串匹配等各种条件表达式的查询；

（3）掌握按指定属性列对查询结果进行排序；

（4）掌握使用聚集函数的统计查询；

（5）掌握按指定属性列的分组统计查询。

【实验内容】

（1）按指定列、全部列和计算表达式查询；

（2）按指定范围、模板、值集等条件查询；

（3）对查询结果排序；

（4）聚集函数在统计查询中的使用；

（5）分组查询。

【语法格式】

SELECT [ALL|DISTINCT] <目标列表达式 1> [列别名][, <目标列表达式 2> [列别名]……]

FROM <表名或视图名>

[WHERE <条件表达式>]

[GROUP BY <列名 1>[, <列名 2>……][HAVING <条件表达式>]]

[ORDER BY <列名 1>[ASC|DESC][, <列名 2>[ASC|DESC]……]]

【应用举例】

【例 3-1】查询全体学生的学号、姓名、年龄和系别。

查询语句及结果如图 3-1 所示。

【例 3-2】查询全体学生的姓名和年龄，列名用中文描述。

查询语句及结果如图 3-2 所示。

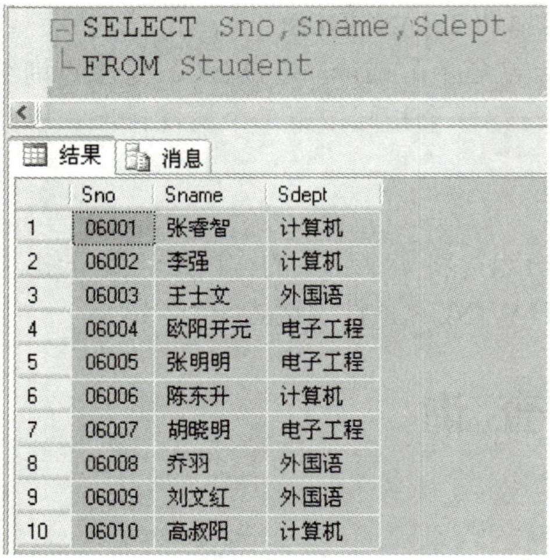

图 3-1　【例 3-1】的查询语句及结果

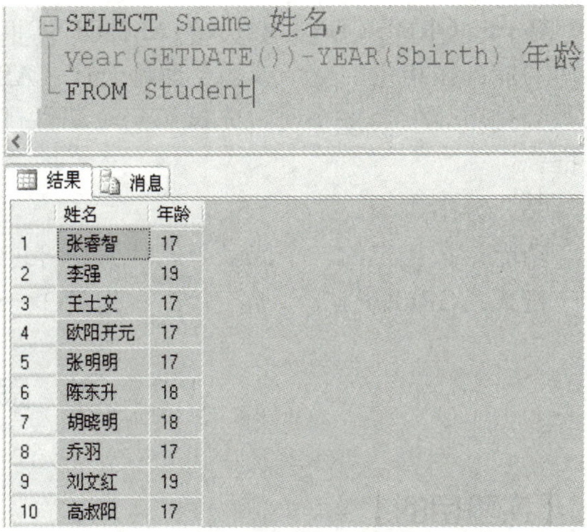

图 3-2　【例 3-2】的查询语句及结果

【例 3-3】查询成绩在 80～90 分的学生选课信息。

查询语句及结果如图 3-3 所示。

【例 3-4】查询所有被同学选修的课程号。

查询语句及结果如图 3-4 所示。

【例 3-5】查询选修了课程号为 2、3、4 或 6 的学生学号及课程号信息。

查询语句及结果如图 3-5 所示。

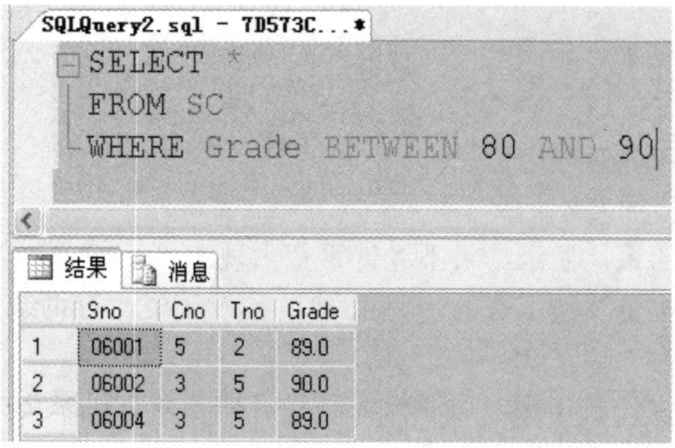

图 3-3　【例 3-3】的查询语句及结果

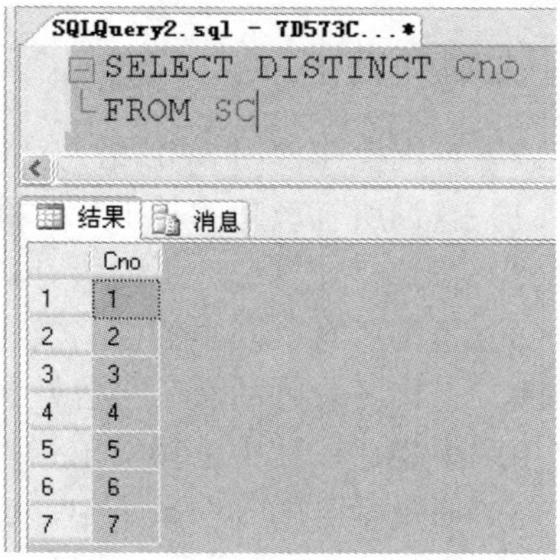

图 3-4　【例 3-4】的查询语句及结果

【例3-6】查询所有姓“刘”的教师姓名、职称及工资信息，并按工资降序排列查询结果。

查询语句及结果如图 3-6 所示。

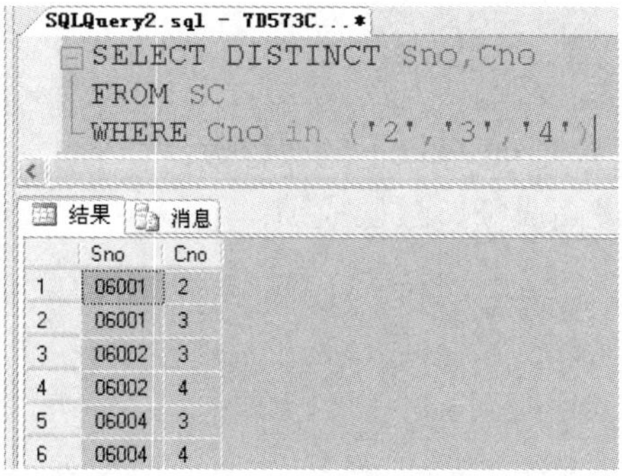

图 3-5　【例 3-5】的查询语句及结果

图 3-6　【例 3-6】的查询语句及结果

【例 3-7】查询现有教师的职称类型及其对应的教师人数，查询结果为中文名。

查询语句及结果如图 3-7 所示。

【例 3-8】查询至少有 2 人在 87 分以上的课程号及其 87 分以上的学生人数。

查询语句及结果如图 3-8 所示。

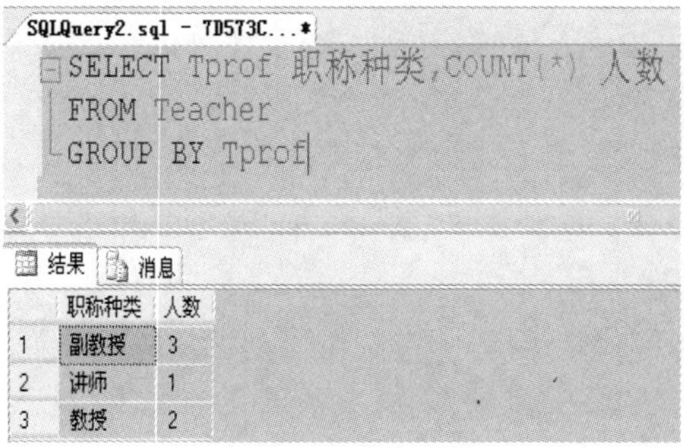

图 3-7　【例 3-7】的查询语句及结果

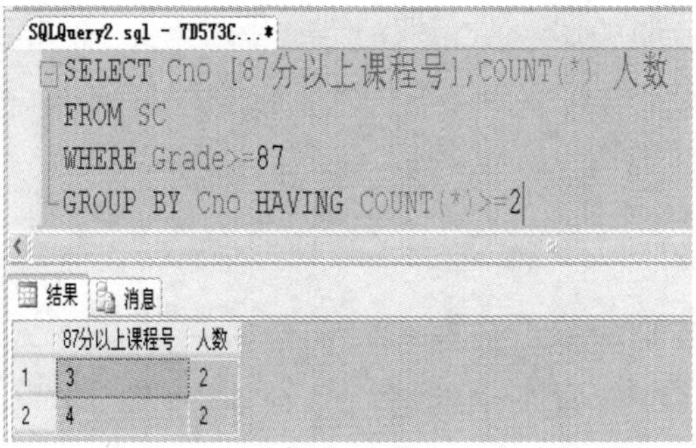

图 3-8　【例 3-8】的查询语句及结果

【上机作业】

以下查询操作使用 SQL 语句完成：

（1）查询所有教师的教工号、姓名和电话号码信息；

（2）查询“计算机”系的所有副教授的基本信息；

（3）查询所有女同学的姓名及所在的系，显示结果不允许重复出现；

（4）查询各教师的教工号、姓名、工资及按工资的 95%发放的预发工资，查询结果列名用中文描述，其中，预发工资列名为“预发 95%的工资”；

（5）假设学号的 5 个数字中，前 2 位代表年级，后 3 位为序号，检索计算机系 2006 级总学分在 58～85 分的学生信息，并按学号降序排列；

注：可使用字符串取子串函数 SUBSTRING（串，开始位置，长度）。

（6）查询平均成绩最高的前两名同学的学号及平均成绩；

（7）查询课程号不为“1”、“4”和“7”的课程信息；

（8）查询所有姓“张”或“刘”或“高”的学生信息；

（9）查询每个系有多少个同学；

（10）查询各课程的平均成绩并按成绩降序排列；

（11）查询至少有两门课在 90 分以上的学生学号及 90 分以上的课程数；

（12）统计每门课程的选课人数、平均成绩、最高成绩、最低成绩；

（13）列出课程表中有先行课的课程名。

实验 4　SQL 的复杂查询功能

4.1　知 识 链 接

SQL 的 SELECT 语句不仅可以实现基于一个表或视图的查询，还可实现基于多个表或视图的连接查询、嵌套查询和集合查询的复杂查询。

4.1.1　连接查询

相对于单表查询，连接查询是指涉及两张以上数据表的查询。连接查询是 RDBMS 中最主要的查询，可分为如下两大类：

1．普通连接

普通连接查询输出所有满足连接条件的元组。

连接条件格式一般为：<表 1>.<列名> <连接条件> <表 2>.<列名>

普通连接包括：等值和非等值连接、自然连接、自身连接和复合条件连接。

（1）等值连接：连接条件为“=”的连接。

（2）非等值连接：连接条件为“=”外的其他运算符的连接。

（3）自然连接：去掉等值连接中重复列的连接。自然连接是一种特殊的等值连接。

（4）自身连接：一个表和自己连接的特殊连接。这类连接需要对表取别名。

（5）复合条件的连接：含有多个连接条件和筛选条件的连接。

2．外连接

外连接查询指定作为连接主体的表并将主体表中不满足连接条件的元组一并输出。

外连接包括左外连接、右外连接和全外连接。

（1）左（右）外连接：主体表为左（右）表的外连接。

（2）全外连接：两个表都是主体表的外连接。

4.1.2　嵌套查询

（1）嵌套查询：将一个查询块（SELECT-FROM-WHERE）（子查询）嵌套在另一个查询块（父查询）的条件表达式中的查询。

（2）子查询的种类：按子查询是否依赖于父查询分为相关子查询和不相关子查询两大类。

（3）引出子查询的方式：

①<属性名> IN <子查询>

②<属性名> <比较运算符> <返回单个值的子查询>

③<属性名> <比较运算符> ANY|ALL <子查询>

④[NOT] EXISTS <子查询>

4.1.3 集合查询

如果希望将多个子查询结果经集合运算返回则可使用集合查询。集合运算包括并、交、差和笛卡尔积运算。

并、交和差运算必须遵循如下两条基本准则：

①每一个结果集的数据类型必须相同。

②每一个结果集中的列数必须相等，排列顺序必须相互对应。

（1）并。

格式：<子查询> UNION <子查询>

功能：将两个子查询合并为一个结果集返回。

（2）交。

格式：在 SQL Server 中可用 IN 代替

（3）差。

格式：在 SQL Server 中可用 NOT IN 代替

（4）笛卡尔积。

格式：不带连接条件的多表查询

4.2 连 接 查 询

【实验目的】

（1）掌握普通连接查询的语法并能灵活使用；

（2）了解外连接查询的语法及使用条件。

【实验内容】

（1）等值和非等值连接查询；

（2）两个以上表的自然连接查询；

（3）自身连接查询；

（4）复合条件的连接查询。

【应用举例】

【例 4-1】查询担任了课程教学的“副教授”信息。

这是一个等值连接查询，查询语句及结果如图 4-1 所示。

```sql
SELECT Teacher.*
FROM Teacher, SC
WHERE Teacher.Tno=SC.Tno AND
        Tprof='副教授'
```

	Tno	Tname	Tsex	Tphone	Tdept	Taddr	Tprof	Tpay	Theight
1	4	曾书智	男	18980027665	电子工程	成都市建设南路9号	副教授	4998.43	NULL
2	5	杨晓燕	女	15065432168	外国语	成都市双楠街15号	副教授	4567.00	NULL
3	2	王芳	女	13980280236	计算机	成都市武侯祠大街23号	副教授	4890.23	NULL
4	5	杨晓燕	女	15065432168	外国语	成都市双楠街15号	副教授	4567.00	NULL
5	5	杨晓燕	女	15065432168	外国语	成都市双楠街15号	副教授	4567.00	NULL
6	4	曾书智	男	18980027665	电子工程	成都市建设南路9号	副教授	4998.43	NULL

图 4-1 【例 4-1】的查询语句及结果

【例 4-2】查询所有姓“张”的学生的选课信息，包括学号、姓名、课程名及成绩。

这是一个包含自然连接的查询，查询语句及结果如图 4-2 所示。

```sql
SELECT Student.Sno 学号,Sname 姓名,Cname 课程名, Grade 成绩
FROM Student, SC, Course
WHERE Student.Sno=SC.Sno AND
        Course.Cno=SC.Cno AND
        Sname LIKE '张%'
```

	学号	姓名	课程名	成绩
1	06001	张睿智	数学	67.0
2	06001	张睿智	信息系统	78.0
3	06001	张睿智	数据结构	89.0

图 4-2 【例 4-2】的查询语句及结果

【例4-3】查询所有姓“刘”的教师的基本信息及其担任的课程名称（包括未任课的教师）。

这是一个包含三张表的外连接查询，查询语句及结果如图 4-3 所示。

```sql
SELECT Teacher.*, Cname
FROM Teacher LEFT JOIN SC ON Teacher.Tno=SC.Tno
        LEFT JOIN Course ON Course.Cno=SC.Cno
        WHERE Tname LIKE '刘%'
```

	Tno	Tname	Tsex	Tphone	Tdept	Taddr	Tprof	Tpay	Theight	Cname
1	1	刘明	男	13980234566	计算机	成都市洗面桥街23号	教授	5467.89	NULL	操作系统
2	1	刘明	男	13980234566	计算机	成都市洗面桥街23号	教授	5467.89	NULL	操作系统
3	6	刘晓刚	男	18980027366	电子工程	成都花园12-4-6	教授	5687.20	NULL	NULL

图 4-3 【例 4-3】的查询语句及结果

【例 4-4】查询每门课程及其先行课程名。

这是一个自身连接查询，查询语句及结果如图 4-4 所示。

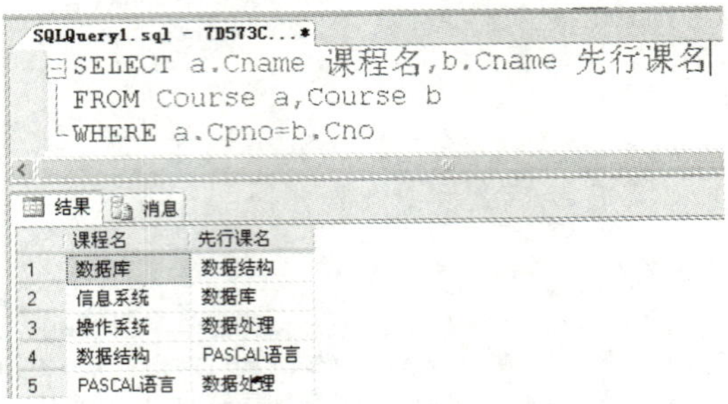

```
SELECT a.Cname 课程名,b.Cname 先行课名
FROM Course a,Course b
WHERE a.Cpno=b.Cno
```

	课程名	先行课名
1	数据库	数据结构
2	信息系统	数据库
3	操作系统	数据处理
4	数据结构	PASCAL语言
5	PASCAL语言	数据处理

图 4-4 【例 4-4】的查询语句及结果

4.3 嵌 套 查 询

【实验目的】

掌握嵌套查询的语法结构并能根据实际需求灵活应用多种嵌套查询方式。

【实验内容】

（1）带 IN 的嵌套查询；

（2）带比较运算符的嵌套查询；

（3）带 ANY|ALL 的嵌套查询；

（4）带[NOT] EXISTS 的嵌套查询。

【应用举例】

【例 4-5】查询和“刘文红”在同一个系的其他学生信息。

这是一个带比较运算符“=”的不相关子查询，注意区别子查询的查询条件和父查询的查询条件。查询语句及结果如图 4-5 所示。

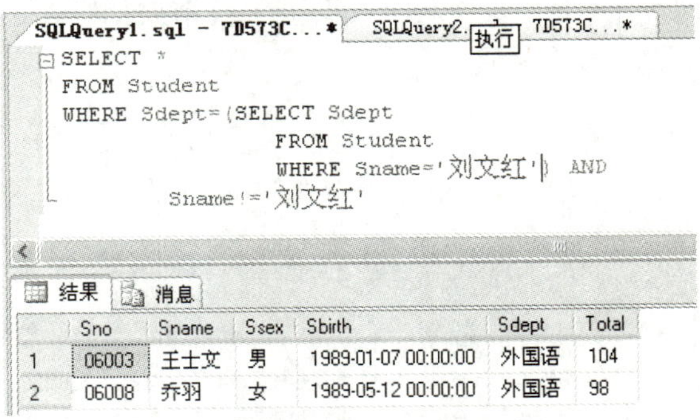

```
SELECT *
FROM Student
WHERE Sdept=(SELECT Sdept
             FROM Student
             WHERE Sname='刘文红') AND
      Sname!='刘文红'
```

	Sno	Sname	Ssex	Sbirth	Sdept	Total
1	06003	王士文	男	1989-01-07 00:00:00	外国语	104
2	06008	乔羽	女	1989-05-12 00:00:00	外国语	98

图 4-5 【例 4-5】的查询语句及结果

【例 4-6】查询超过自己选修课程平均成绩的选课信息。

这是一个带比较运算符“>”的相关子查询，注意相关子查询中的相同表需要使用别名。查询语句及结果如图 4-6 所示。

```sql
SELECT * FROM SC X
WHERE Grade>(SELECT AVG(Grade) FROM SC Y
WHERE X.Sno=Y.Sno)
```

	Sno	Cno	Tno	Grade
1	06001	5	2	89.0
2	06002	4	1	98.0
3	06004	3	5	89.0
4	06004	4	1	92.0

图 4-6　【例 4-6】的查询语句及结果

【例 4-7】查询任课门数低于 2 门的教师信息。

这是一个带“IN”和“EXISTS”的不相关子查询，注意考虑没有被选课的教师也属于查询结果。查询语句及结果如图 4-7 所示。

```sql
SELECT * FROM Teacher
WHERE Tno IN (SELECT Tno FROM SC
GROUP BY Tno HAVING(COUNT(*)<2))
        OR NOT EXISTS (SELECT * FROM SC
               WHERE Teacher.Tno=SC.Tno)
```

	Tno	Tname	Tsex	Tphone	Tdept	Taddr	Tprof	Tpay	Theight
1	2	王芳	女	13980280236	计算机	成都市武侯祠大街23号	副教授	4890.23	NULL
2	6	刘晓刚	男	18980027366	电子工程	成都花园12-4-6	教授	5687.20	NULL

图 4-7　【例 4-7】的查询语句及结果

【例 4-8】查询比“电子工程”系所有学生都大的学生信息。

这是一个带“ALL”的子查询，也可用聚合函数替代。查询语句及结果如图 4-8 和图 4-9 所示。

```sql
SELECT *
FROM Student
WHERE Sbirth<ALL(SELECT Sbirth
                 FROM Student
                 WHERE Sdept='电子工程')
```

	Sno	Sname	Ssex	Sbirth	Sdept	Sparent
1	06002	李强	男	1992-11-13 00:00:00	计算机	NULL
2	06006	陈东升	男	1993-06-09 00:00:00	计算机	NULL
3	06009	刘文红	女	1992-06-12 00:00:00	外国语	NULL

图 4-8　【例 4-8】的查询语句及结果（1）

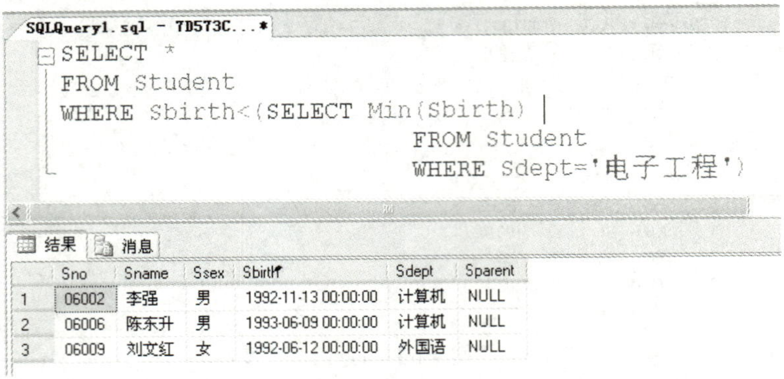

SQLQuery1.sql - 7D573C...*

```sql
SELECT *
FROM Student
WHERE Sbirth<(SELECT Min(Sbirth)
              FROM Student
              WHERE Sdept='电子工程')
```

结果 消息

	Sno	Sname	Ssex	Sbirth	Sdept	Sparent
1	06002	李强	男	1992-11-13 00:00:00	计算机	NULL
2	06006	陈东升	男	1993-06-09 00:00:00	计算机	NULL
3	06009	刘文红	女	1992-06-12 00:00:00	外国语	NULL

图 4-9 【例 4-8】的查询语句及结果（2）

【例 4-9】查询所有任了课的教师的姓名及课程名。

这是一个带“EXISTS”的子查询，注意本查询不能保留重复记录。查询语句及结果如图 4-10 所示。

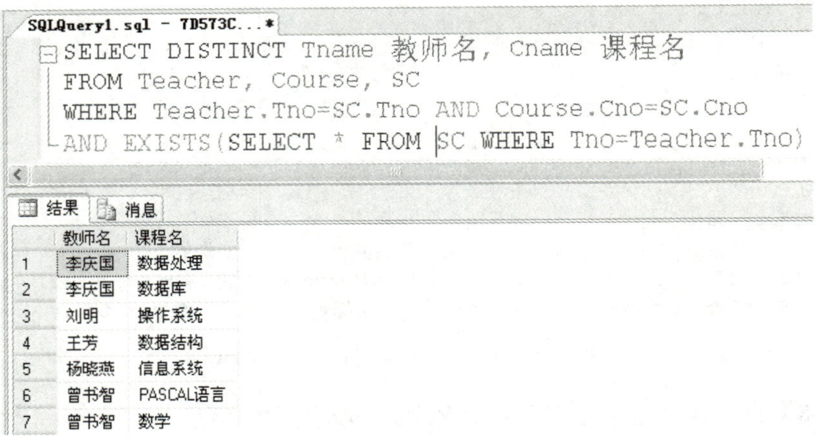

SQLQuery1.sql - 7D573C...*

```sql
SELECT DISTINCT Tname 教师名, Cname 课程名
FROM Teacher, Course, SC
WHERE Teacher.Tno=SC.Tno AND Course.Cno=SC.Cno
AND EXISTS(SELECT * FROM SC WHERE Tno=Teacher.Tno)
```

结果 消息

	教师名	课程名
1	李庆国	数据处理
2	李庆国	数据库
3	刘明	操作系统
4	王芳	数据结构
5	杨晓燕	信息系统
6	曾书智	PASCAL语言
7	曾书智	数学

图 4-10 【例 4-9】的查询语句及结果

4.4 集 合 查 询

【实验目的】

通过实验掌握 SQL Server 中的并、交、差的集合查询语法并灵活使用。

【实验内容】

（1）使用 UNION 的并查询；

（2）使用 IN 的交查询；

（3）使用 NOT IN 的差查询。

【应用举例】

【例 4-10】 查询选修了“3”号或“4”号课程的学生学号。

这是一个并查询操作，查询语句及结果如图 4-11 所示。也可用如图 4-12 所示的普通连接查询语句实现。

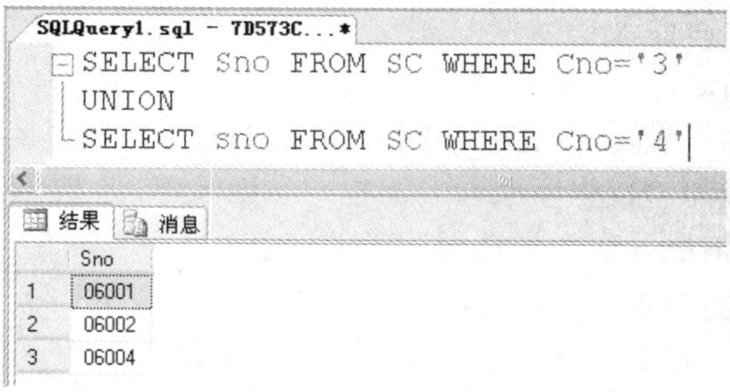

图 4-11 【例 4-10】的查询语句及结果（1）

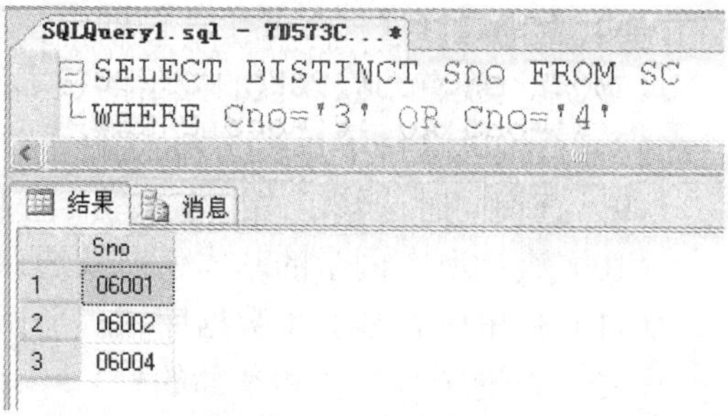

图 4-12 【例 4-10】的查询语句及结果（2）

【例 4-11】 查询同时选修了“3”号和“4”号课程的学生信息。

这是一个交集查询，在 SQL Server 中用“IN”代替。查询语句及结果如图 4-13 所示。

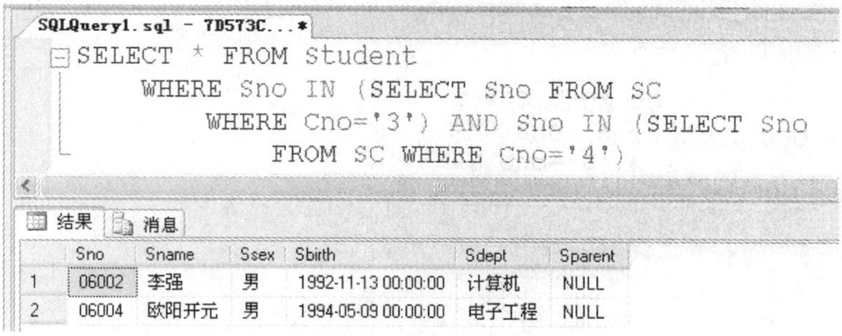

图 4-13 【例 4-11】的查询语句及结果

【例 4-12】 查询选修了“3”号课程而未选修“4”号课程的选课信息。

这是一个差集查询，在 SQL Server 中用“NOT IN”代替。查询语句及结果如图 4-14 所示。

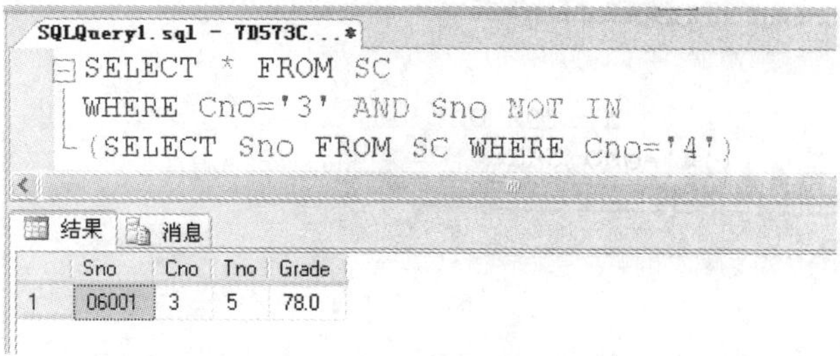

图 4-14 【例 4-12】的查询语句及结果

【上机作业】

（1）选择数据库 JX；

注意：以下查询请尽量多使用不同的 SQL 语句实现！

（2）查询选修了“3”号课程且成绩在 70 分以上的学生信息；

（3）查询所有不比“电子工程”系的所有学生年龄大的其他系的学生信息；

（4）查询选修了“3”号课程的学生姓名、成绩及任课教师姓名；

（5）查询开设的课程中选课人数不足 15 人的课程号及人数信息；

（6）查询选修课程数低于 3 门的学生信息；

（7）查询没有选修课程的同学的基本信息；

（8）查询既选修了“3”号又选修了“4”号课程的学生姓名、课程名及成绩；

（9）查询同时选修了“操作系统”课程和“数据库原理”课程的学生名单；

（10）查询所有同学的基本信息及选课情况（包含未选课同学的信息）；

（11）列出所有参加了数据库课程考试的学生姓名和成绩；

（12）查询所有学生和教师的姓名（允许重名）并标识类型（学生/老师）；

（13）查询每一课程的间接选修课，以“课程名”、“间接选修课名”作列名；

（14）列出所有没有选修“数据结构”课程的学生的学号、姓名、所在院系。

实验 5　SQL 的数据更新功能

5.1　插 入 记 录

【实验目的】

掌握向表中插入记录的 SQL 语句方式和数据导入向导方式。

【实验内容】

（1）使用 SQL 语句的 INSERT INTO 语句插入单条记录；
（2）使用 SQL 语句的 INSERT INTO 语句插入多条记录；
（3）利用 SQL Server 的数据导入功能导入数据到数据表。

【语法格式】

格式 1：一次插入一条记录

```
INSERT [INTO] <表名>[(<列名 1> [，<列名 2>……] ) ]
    VALUES(<常量值|表达式 1> [，<常量值|表达式 2>……] )
```

格式 2：一次插入多条记录（批量插入）

```
INSERT [INTO] <表名>[(<列名 1>[，<列名 2>……] ) ]
    <子查询>
```

【应用举例】

【例 5-1】 向学生表 Student 加入一条学号、姓名、性别和系别分别为“06111”、“李静”、“女”、“计算机”和“1987-3-5”的学生记录。

SQL 语句如下：

```
INSERT
INTO Student(Sno, Sname, Ssex, Sdept,Sbirth)
VALUES('06111','李静','女','计算机','1987-3-5')
```

【例 5-2】 向选课表 SC 加入一条学号和课程号分别为“06111”和“3”的选课记录，并观察运行结果。

SQL 语句及运行结果如图 5-1 所示，提示 Tno 不能为 NULL，请思考其原因。

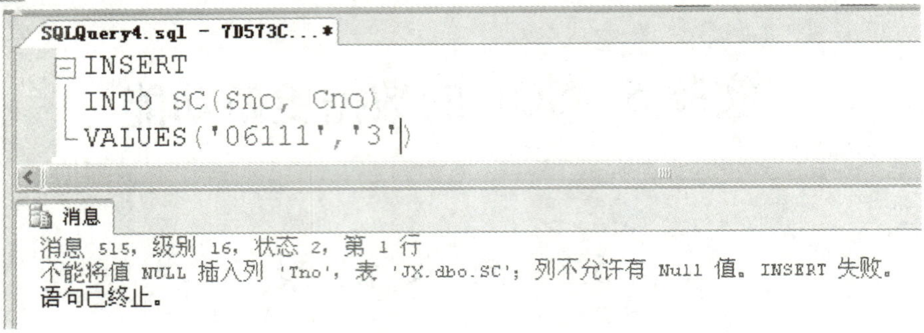

图 5-1　例【5-2】的 SQL 语句及运行结果

【例 5-3】将教师表 Teacher 中所有教师的教工号、姓名插入学生表中。

SQL 语句如下：

```
INSERT
INTO Student(Sno, Sname)
SELECT Tno, Tname
FROM Teacher
```

运行结果：Teacher 中所有记录的 Tno、Tname 属性值全部插入 Student 中，且除学号和姓名两列外，其余列全部为 NULL。

【例 5-4】创建 Excel 文档 Test.xls 并录入如图 5-2 所示数据，然后，利用“导入导出”向导将 Test.xls 中的学生数据导入 JX 的 Student 中。

	A	B	C	D	E	F
1	Sno	Sname	Ssex	Sbirth	Sdept	Total
2	07007	胡大鹏	女	1988-1-21	电子工程	
3	07008	乔丁玲	女	1989-5-12	外国语	
4	08009	刘子卿	女	1986-12-13	外国语	
5	08010	高山	男	1989-2-14	计算机	

图 5-2　Test.xls 文件内容

步骤如下：

第一步：启动导入导出向导。可使用如下两种方式之一：

①右击“对象资源管理器”的数据库“JX”→“任务”→“导入数据”，如图 5-3 所示。

②单击任务栏“开始”→“所有程序”→“Microsoft SQL Server 2008”→“导入和导出数据”，如图 5-4 所示。

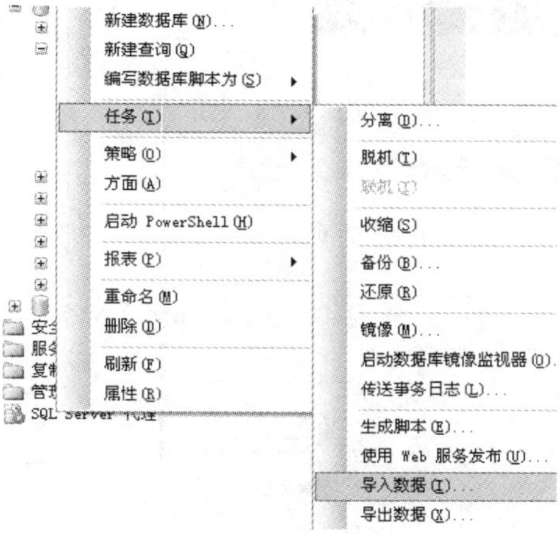

图 5-3　启动导入导出向导（1）　　　　图 5-4　启动导入导出向导（2）

第二步：选择数据源。在列出的数据源类型中选择“Microsoft Excel”，如图 5-5 所示。

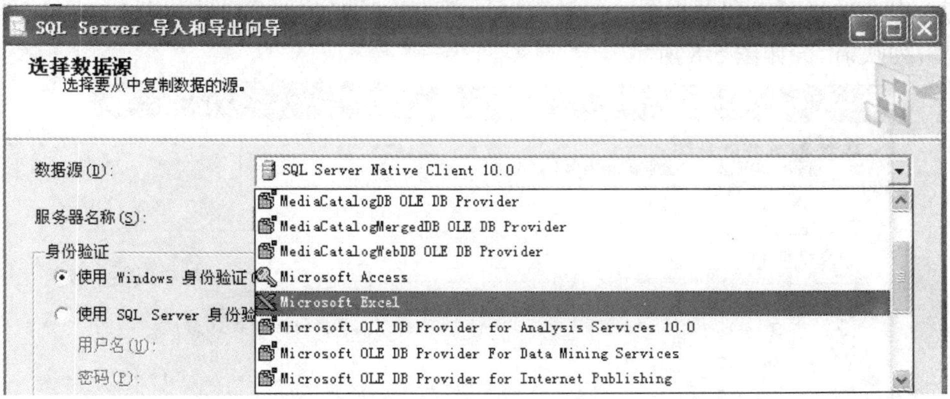

图 5-5　选择数据源

第三步：通过“浏览”方式选择或直接输入 Text.xls 文件的路径，如图 5-6 所示。

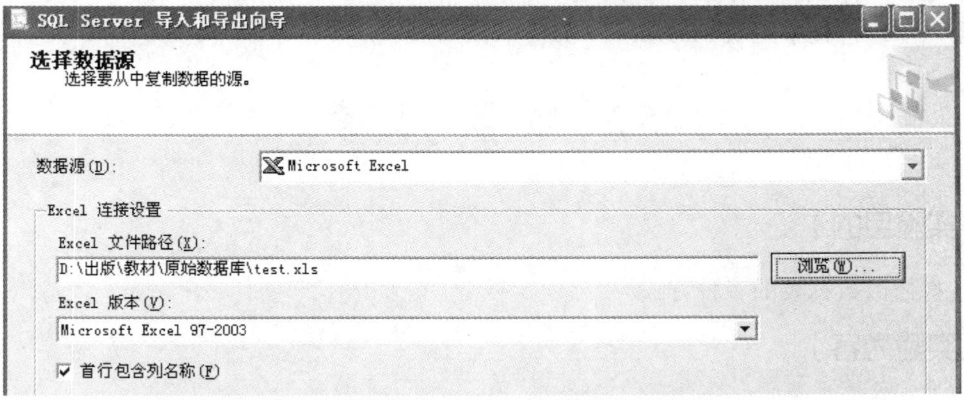

图 5-6　找到 Excel 文件的路径

第四步：选择目标，如图 5-7 所示。

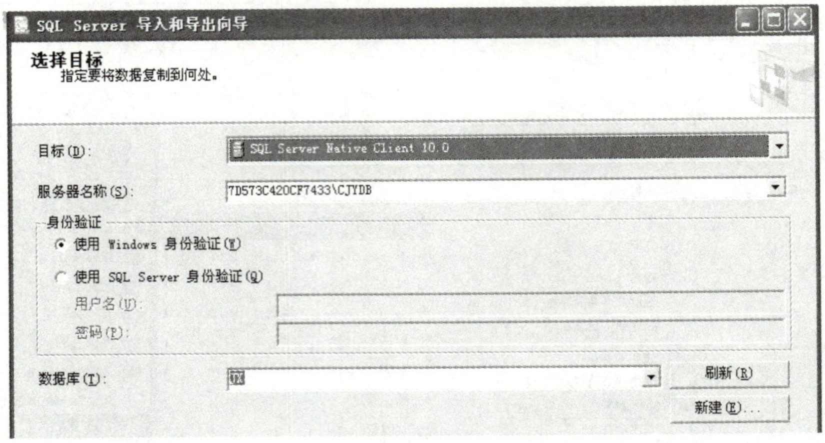

图 5-7　选择目标

第五步：指定表复制。选择"指定一个或多个表或视图的数据"。

第六步：选择源表和源视图。勾选需要导入的数据源 Sheet 和目标表 Student，必要时"编辑列映射"，如图 5-8 所示。

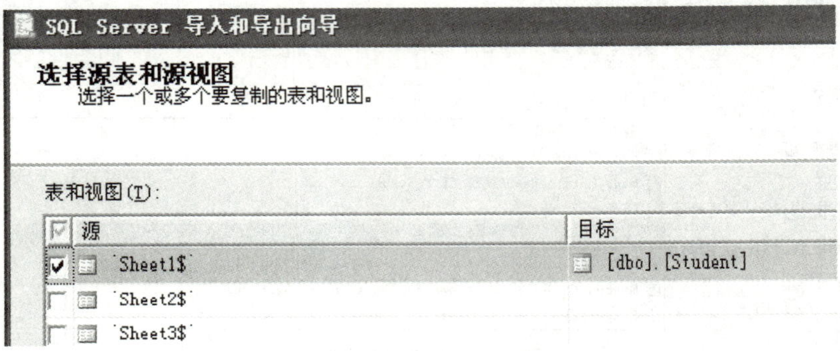

图 5-8　选择源和目标

第七步：保存并运行包，立即执行。

第八步：检查学生表 Student，可见导入数据成功。

5.2　修 改 记 录

【实验目的】

掌握修改数据表的多种方式。

【实验内容】

（1）使用 SQL 语句的 UPDAGTE 语句修改一条记录；

（2）使用 SQL 语句的 UPDAGTE 语句修改多条记录；

（3）使用 SQL 的流程控制功能实现不同条件下的不同修改。

【语法格式】

UPDATE <表名>
SET <列名>=<表达式>[，<列名>=<表达式>]……
[WHERE <条件>]

【应用举例】

【例 5-5】 将所有学生的总学分（Total）初始化为 0。

SQL 语句如下：

```
UPDATE Student
SET Total=0
```

【例 5-6】 把学生“李静”的姓名改为“李静睿”，学分置为 56。

SQL 语句如下：

```
UPDATE Student
SET Sname='李静睿', Total=56
WHERE Sname='李静'
```

【例 5-7】 把李强同学所有课程的分数都加 1 分。

SQL 语句如下：

```
UPDATE SC
SET Grade=Grade+1
WHERE Sno=(SELECT Sno
FROM Student
WHERE Sname='李强')
```

或

```
UPDATE SC
SET Grade=Grade+1
FROM Student
WHERE SC.Sno=Student.Sno
```

【例 5-8】 按职称修改教师表中的工资，修改方式为：副教授加 50，教授加 80，讲师加 30，其余不变。

解析：本例可使用三条 UPDATE 语句完成，也可使用如下语句一次完成。

一次完成的 SQL 语句如下：

```
UPDATE Teacher
SET Tpay=
CASE
    WHEN Tprof='教授' THEN Tpay+80
    WHEN Tprof='副教授' THEN Tpay+50
    WHEN Tprof='讲师' THEN Tpay+30
```

```
    ELSE Tpay
END
```

5.3 删除记录

【实验目的】

掌握删除数据表记录的多种方式。

【实验内容】

（1）使用 SQL 语句的 DELETE 语句删除一条记录；
（2）使用 SQL 语句的 DELETE 语句删除多条记录。

【语法格式】

DELETE FROM <表名> [WHERE <条件>]

【应用举例】

【例 5-9】 删除"08010"号同学的基本信息。

SQL 语句如下：

```
DELETE
FROM Student
WHERE Sno='08010'
```

【例 5-10】 删除学生表 Student 中 2007 级（即学号前两位为"2007"）的学生记录。

SQL 语句如下：

```
DELETE
FROM Student
WHERE Sno LIKE '2007%'
```

【例 5-11】 删除前面添加到学生表中的教师记录。

SQL 语句如下：

```
DELETE
FROM Student
WHERE Sno IN
        (SELECT Tno FROM Teacher)
```

5.4　复制数据表和表结构

【实验目的】

掌握复制数据表和表结构的 SQL 方式。

【实验内容】

（1）使用 SELECT 语句复制数据表；
（2）使用 SELECT 语句复制表结构。

【语法格式】

SELECT <目标列表达式 1> [别名 1] [，<目标列表达式 2> [别名 2]……]
INTO <新表名>
FROM <表名|视图名>[，……]
WHERE <条件表达式>
GROUP BY <分组属性> [HAVING <条件表达式>]
ORDER BY <排序属性>

【应用举例】

【例 5-12】创建一个和学生表完全相同的备份表 Student_back。

SQL 语句如下：

```
SELECT *
INTO Student_back
FROM Student
```

【例 5-13】创建一个和学生表结构完全相同的空表 Student_test。

解析：与上例相比，该例只要求查询结果中没有满足条件的记录，因此，可以考虑使学生表 Student 中的记录都不能满足查询条件即可。

SQL 语句如下：

```
SELECT *
INTO Student_test
FROM Student
WHERE Sno IS NULL
```

【上机作业】

注意：以下操作请验证结果！

（1）向学生表加入一条记录，其学号、姓名、性别和系别分别为：（“06011”，“王文娟”，“女”，“计算机”）；

（2）向学生表加入一条记录，其姓名、性别和系别分别为：（“王娟”，“女”，“计算机”），观察运行结果；

（3）创建一个与学生信息表结构完全相同的基本表 CP_Student；

（4）将 Student 中的计算机系和外国语系的学生信息插入 CP_Student；

（5）把教师“王芳”改为“王芳龄”；

（6）将职称是副教授的教师工资提高 2%；

（7）把李强同学的所有分数都加 1 分；

（8）选做：将计算机系和外国语系学生的考试成绩分别下调 4%和增加 2 分；

（9）选做：对课程表中的学分进行修改，修改方式为：学分低于 3 分的加 0.4 分，高于 3 分的减去 0.5 分，3 分的加 0.2 分；

（10）删除 06011 号同学的基本信息；

（11）删除 CP_Student 中的 1987 年（包括 1987 年）以前出生的同学的信息；

（12）删除 CP_Student 中的所有记录；

（13）创建一个与教师表相同结构的空表 CP_Teacher（使用 SELECT…INTO…）；

（14）将所有副教授信息插入 CP_Teacher；

（15）把所有不是副教授的教师信息都插入 CP_Teacher（请使用 INSERT…INTO…）；

（16）根据前面的练习，请比较 SELECT…INTO…和 INSERT…INTO…的异同。

实验 6　视图的应用

6.1　知 识 链 接

6.1.1　视图的特点、种类和作用

1．视图的特点

（1）视图是一张虚表，是从一个或几个基本表（或视图）导出的表；

（2）存放视图的定义，不会出现数据冗余；

（3）基本表中的数据发生变化，从视图中查询出的数据也随之改变。

2．视图的种类

视图的类型通常有如下几种：

（1）行列子视图；

（2）基于多个基本表的视图；

（3）基于基本表和视图的视图；

（4）带表达式的视图；

（5）分组视图。

3．视图的作用

（1）能够简化用户的操作；

（2）使用户能以多种角度看待同一数据；

（3）对重构数据库提供了一定程度的逻辑独立性；

（4）能够对机密数据提供安全保护；

（5）适当地利用视图可以更清晰地表达查询。

6.1.2　基于视图的操作

基于视图的操作主要包括：

（1）基于视图查询数据；

（2）基于视图删除记录；

（3）基于视图更新记录（受限更新）；

（4）基于视图定义新视图。

6.2 视图的定义

6.2.1 创建视图

【实验目的】

掌握创建视图的 SQL 语句方式。

【实验内容】

（1）创建行列子视图；
（2）创建基于多个基本表的视图；
（3）创建基于基本表和视图的视图；
（4）创建带表达式的视图；
（5）创建分组视图。

【语法格式】

```
CREATE VIEW <视图名> [(<列名 1>[，<列名 2>])……]
AS
<SELECT 子查询>
[WITH CHECK OPTION]
```

【应用举例】

【例 6-1】创建包含计算机系教师的教工号、姓名和职称信息的教师视图 JSJ_Teacher，要求中文显示属性列。

解析：这是一个行列子集视图。

SQL 语句如下：

```
CREATE VIEW JSJ_Teacher(教工号, 姓名, 职称)
AS
SELECT Tno, Tname, Tprof
FROM Teacher
WHERE Tdept='计算机'
```

【例 6-2】创建包含计算机系教师的教工号、姓名和职称信息的基本信息视图 JSJ2_Teacher，在对视图进行插入和修改时，要求该视图涉及计算机系的教师。

解析：这是一个带限制更新的行列子集视图。

SQL 语句如下：

```
CREATE VIEW JSJ2_Teacher
AS
```

```
SELECT Tno, Tname, Tprof
FROM Teacher
WHERE Tdept='计算机'
WITH CHECK OPTION
```

【例 6-3】创建计算机系教师的授课视图 JSJSK，属性列包括教师的教工号、教师姓名和所教课程号、课程名和学生姓名。

解析：这是一个基于多张表或基于表和视图的视图。

SQL 语句如下：

```
CREATE VIEW JSJSK
AS
SELECT Teacher.Tno, Tname, SC.Cno, Course.Cname, Student.Sname
FROM Teacher, SC, Course,Student
WHERE Teacher.Tno=SC.Tno AND
Course.Cno=SC.Cno AND Student.Sno=SC.Sno
AND Tdept='计算机'
```

或

```
CREATE VIEW JSJSK
AS
SELECT A.教工号,A.姓名, SC.Cno, Course.Cname, Student.Sname
FROM JSJ_Teacher A, SC, Course,Student
WHERE A.教工号=SC.Tno AND Student.Sno=SC.Sno
AND Course.Cno=SC.Cno
```

【例 6-4】创建教师授课视图 JSSK，以统计每个教师的教师号及授课门数。

解析：这是一个分组视图。

SQL 语句如下：

```
CREATE VIEW JSSK(教工号,授课门数)
AS
SELECT Tno, COUNT(*)
FROM SC
GROUP BY Tno
```

【例 6-5】创建一个用于描述数据库 JX 中的教师和学生姓名及类型的视图 Name_Kind，其中，学生的类型为“学生”，教师的类型为“教师”。

解析：这是一个带常量表达式的视图。

SQL 语句如下：

```
CREATE VIEW Name_Kind(姓名,类型)
AS
SELECT Sname,'学生' FROM Student
UNION
```

SELECT Tname,'教师' FROM Teacher

6.2.2 删除视图

【实验目的】

掌握删除视图的 SQL 方式。

【实验内容】

（1）使用 SQL 语句删除一个视图；
（2）使用 SQL 语句删除多个视图。

【语法格式】

DROP VIEW <视图名> [，<视图名>，……]

【应用举例】

【例 6-6】 删除视图 Name_Kind。

SQL 语句如下：

```
DROP VIEW Name_Kind
```

【例 6-7】 删除 JSJ_Teacher 和 JSJSK 视图。

SQL 语句如下：

```
DROP VIEW JSJ_Teacher,JSSK
```

6.2.3 修改视图

【实验目的】

掌握修改视图定义的 SQL 方式。

【实验内容】

修改已经成功创建的视图。

【语法格式】

```
ALTER VIEW <视图名> [(<新列名 1>[，<新列名 2>])……]
AS
<新的 SELECT 子查询>
[WITH CHECK OPTION]
```

【应用举例】

【例 6-8】 在 JSJ2_Teacher 的视图定义中增加工资属性列。

SQL 语句如下：

```
ALTER VIEW JSJ2_Teacher(教工号,姓名,职称,工资)
AS
```

```
SELECT Tno, Tname, Tprof, Tpay
FROM Teacher
WHERE Tdept='计算机'
```

6.3 视 图 操 作

6.3.1 查询视图

【实验目的】

掌握基于视图查询的 SQL 方式。

【实验内容】

（1）基于一个视图的查询；
（2）基于视图和表的查询。

【语法格式】

语法格式与基本表的查询语法相同。

【应用举例】

【例 6-9】基于 JSJ2_Teacher 视图查询计算机系教师的教工号和姓名。

SQL 语句如下：

```
SELECT 教工号, 姓名
FROM JSJ2_Teacher
```

【例 6-10】查询计算机系教师的任课门数。

SQL 语句如下：

```
SELECT 教工号,姓名, COUNT(*) 任课门数
FROM JSJ2_Teacher, SC
WHERE JSJ2_Teacher.教工号=SC.Tno
GROUP BY 教工号,姓名
```

6.3.2 更新视图

【实验目的】

（1）掌握透过视图修改数据的 SQL 方式；
（2）掌握透过视图修改数据表的基本条件；
（3）掌握透过视图删除记录的 SQL 方式。

【实验内容】

（1）透过视图插入记录；
（2）透过视图修改记录；
（3）透过视图删除记录。

【语法格式】

语法格式与更新基本表相同。

【应用举例】

1．透过视图插入记录

【例 6-11】通过视图 JSJ2_Teacher 向数据表 Teacher 中插入一条教师记录，其教工号、姓名、职称分别为“9”、“张天云”和“教授”。

SQL 语句如下：

```
INSERT
INTO JSJ2_Teacher(教工号,姓名,职称)
VALUES('9','张天云','教授')
```

结果：消息显示“1 行受影响”，检查 Teacher 表，记录成功插入。

【例 6-12】通过视图 JSSK 插入一条新记录，教工号为“9”，授课门数为 5。

解析：这种更新需求无法透过视图实现，SQL 语句及结果如图 6-1 所示。

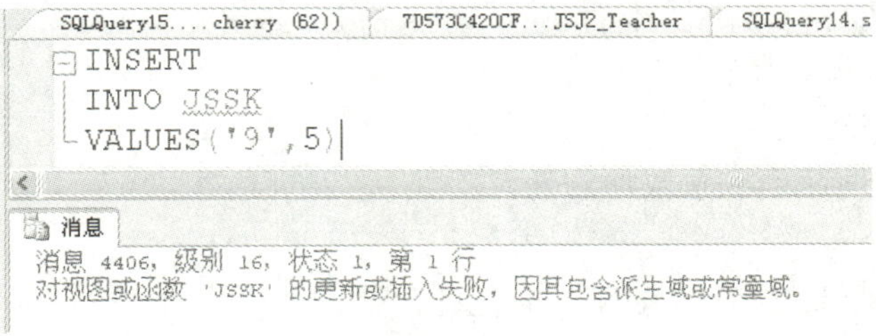

图 6-1　【例 6-12】的语句及执行结果

2．透过视图修改记录

【例 6-13】通过视图 JSJ2_Teacher 将教师“刘明”的姓名改为“刘天明”。

SQL 语句如下：

```
UPDATE JSJ2_Teacher
SET 姓名='刘天明'
WHERE 姓名='刘明'
```

结果：消息显示执行成功，检查 Teacher 表已有新记录插入。

【例 6-14】把 JSSK 视图中的“1”号教师的授课门数修改为 6 门。

SQL 语句如下：

```
UPDATE JSSK
```

```
SET 授课门数=6
WHERE 教工号='1'
```

结果：执行结果如【例 6-12】。

3．透过视图删除记录

【例 6-15】删除 JSJ2_Teacher 视图中的姓名为“张天云”的教师信息。

SQL 语句如下：

```
DELETE
FROM JSJ2_Teacher
WHERE 姓名='张天云'
```

结果：消息显示“0 行受影响”，因为“张天云”教师的信息虽然透过视图 JSJ2_Teacher 插入 Teacher 中，但是他不是 JSJ2_Teacher 的记录，故无法透过该视图删除。

【例 6-16】删除 JSSK 视图中的“1”号教师信息。

SQL 语句及结果如图 6-2 所示。

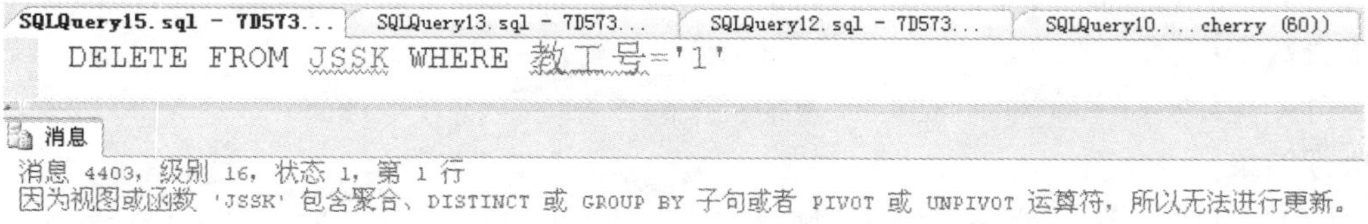

图 6-2　【例 6-16】的语句及结果

【上机作业】

（1）选择数据库 JX；

注意：以下操作均需验证结果！

（2）创建视图 WY_Student，用于查询外国语系学生的基本信息；

（3）创建视图 SS_Student，用于查询学生的姓名、学号和总学分信息，要求属性列用中文显示；

（4）创建视图 XS_XK，用于查询每个同学的选课信息，包括学号、姓名、课程号、课程名和成绩；

（5）创建视图 JS_SK，用于查询每个教师的任课情况，包括教师号、教师名、职称、所讲授课程的课程号信息，并用中文列出各属性名；

（6）基于视图 WY_Student 和 SC，创建视图 WY_SK，用于查询外语系学生的选课情况；

（7）创建视图 XS_NL，用于查询学生的学号、姓名和年龄；

（8）创建视图 XS_ZCJ，用于查询选修了课程的学生的总评成绩，包括学号、姓名、课程号，每门课程的总评成绩计算公式为：成绩*70%+30；

（9）创建视图 JS_GZ，用于显示教师的预发工资，包括教工号、姓名、职称和按 90%预发的工资额；

（10）创建视图 XS_PJCJ，用于查询选修了课程的学生成绩，包括学号、姓名和所选课程的平均成绩；

（11）创建视图 JS_RKMS，用于查询教师的任课门数，包括教工号、教师名和任课门数；

（12）创建视图 KC_PJCJ，用于查询各门课程的平均成绩，包括课程号、课程名、选课人数、平均成绩；

（13）创建视图 YXXS，用于查询各门成绩在 82 分以上和平均成绩在 85 分以上的学生的学号和平均成绩；

（14）创建统计教师职称种类及人数的统计视图 ZC_ZL；

（15）删除视图 XS_NL；

（16）查询视图 WY_Student，然后使用 INSERT…INTO…语句更新 WY_Student 视图，再次查询该视图以及相关基表，检查执行结果；

（17）使用 UPDATE 更新视图 WY_Student 中的某个或某些属性值，然后再次查询该视图和相关基表，检查更新结果；

（18）使用 DELETE 删除视图 WY_Student 中刚插入的记录，然后查询该视图和相关基本表数据；

（19）修改视图 JS_GZ，把职称为副教授的预发工资改为该视图预发工资的 90%，查看执行结果；

（20）修改视图 YXXS，把每个优秀学生的平均成绩都增加 3 分，查看执行结果。

实验 7　数据库安全性控制

7.1　知识链接

7.1.1　SQL Server 的安全模型

SQL Server 的安全性管理建立在认证和访问许可两者机制上。认证用来确定登录 SQL Server 的用户登录账号和密码是否正确，以此来验证其是否具有连接 SQL Server 的权限；访问许可通过用户访问数据库权限的设置来实现。

SQL Server 2000 的安全模型分为三层结构：

1．服务器安全管理

作用：实现对 SQL Server 实例的账户、服务器配置等方面的管理。

实现：固定的服务器角色。

2．数据库安全管理

作用：实现对实例下的数据库用户、数据库备份、恢复等功能的管理。

实现：固定的数据库角色。

3．数据库对象安全管理

作用：实现对数据对象的引用、数据操作语句的许可权限管理。

实现：对象和语句的许可权限的定义。

用户访问数据需要经过如下三个阶段的处理：

第一阶段：登录 SQL Server 实例（用户标识和鉴别）；

第二阶段：访问数据库（验证数据库用户）；

第三阶段：访问数据库对象（验证许可权限）。

7.1.2　SQL Server 的身份验证模式

身份验证阶段用来识别用户的登录账号和验证用户与 SQL Server 相连接的能力。

SQL Server 提供如下两种身份验证模式：

（1）Windows 身份验证模式：将 Windows NT 的安全管理集成到 SQL Server 中，即用户只要登录到 Windows NT，就可通过信任连接直接连接到 SQL Server。SQL Server 本身并不管理这套登录数据。

（2）SQL Server 和 Windows 身份验证模式：可根据需要选择使用 SQL 验证方式或 Windows 验证方式。

7.2 创建和管理登录账户

【实验目的】

（1）掌握创建和管理登录账户的向导方式和 SQL 命令方式；

（2）掌握创建和管理 Windows 登录账户的向导方式。

【实验内容】

（1）使用向导创建 Windows 验证方式和 SQL Server 验证方式的登录账户；

（2）使用 SQL 命令创建 SQL Server 验证方式的登录账户。

【语法格式】

EXEC Sp_addlogin login_id [,passwd[,defdb[,deflanguage]]]

各项说明如下：

Login_id：注册标识或 SQL Server 用户名；

Passwd：口令，默认口令是 NULL（即不需要口令），用户可以在任何时候使用 sp_password 系统存储过程改变自己的口令；

Defdb：指定用户在注册时连接到的默认数据库，如果没有指定默认数据库，则默认数据库是 master；

Deflanguage：说明用户注册到 SQL Server 时使用的默认语言代码。

【应用举例】

【例 7-1】使用向导方式新建一个 Windows 身份验证的登录账户。

步骤如下：

（1）如图 7-1 所示，在对象资源管理器的“安全性”目录的“登录名”处单击右键，点击“新建登录名”，弹出如图 7-2 所示的新建登录名对话框。

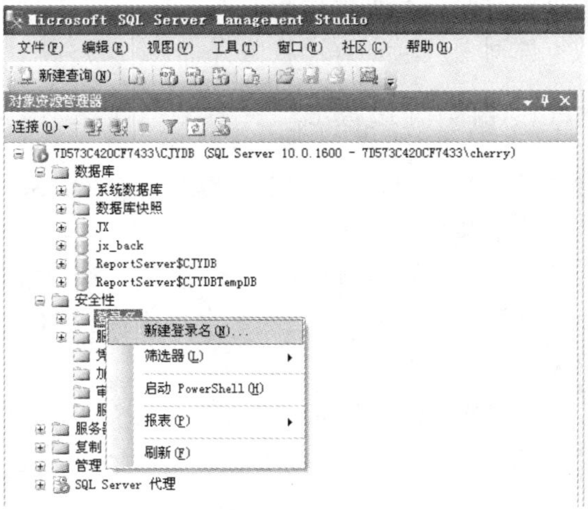

图 7-1 新建登录名

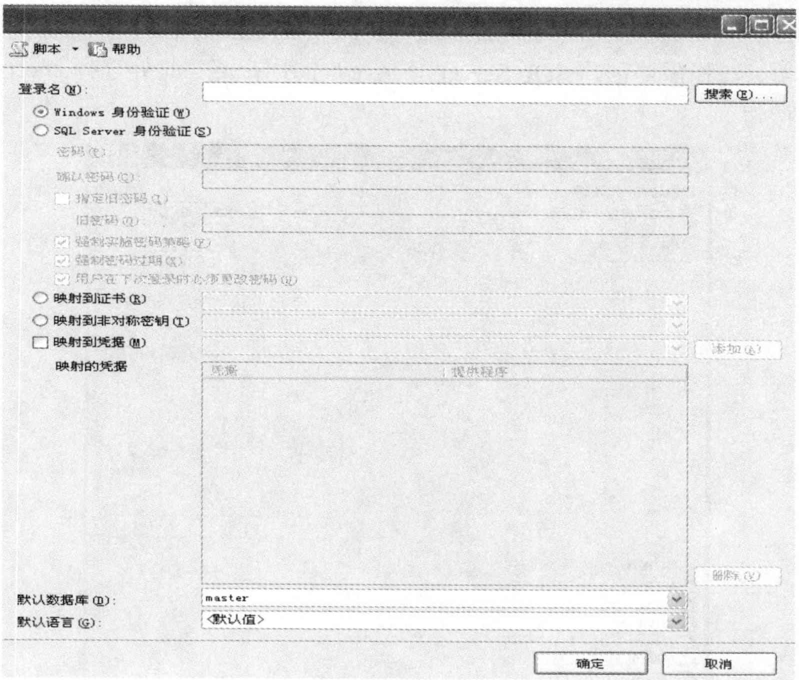

图 7-2　新建登录名对话框

（2）点击登录名文本框右侧的“搜索”按钮，弹出如图 7-3 所示的“选择用户或组”对话框。

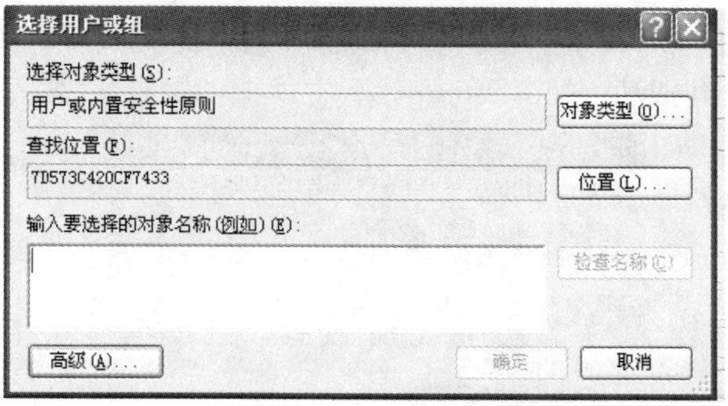

图 7-3　选择用户或组对话框

（3）单击“高级”按钮，弹出如图 7-4 所示的对话框。

图 7-4　选择用户和组的子对话框

（4）单击“立即查找”，出现如图 7-5 所示的对象类型为“用户或内置安全性原则”的用户名清单，选择需要创建 SQL Server 登录账户的用户名（此处选择 cherry 用户），点击“确定”按钮。

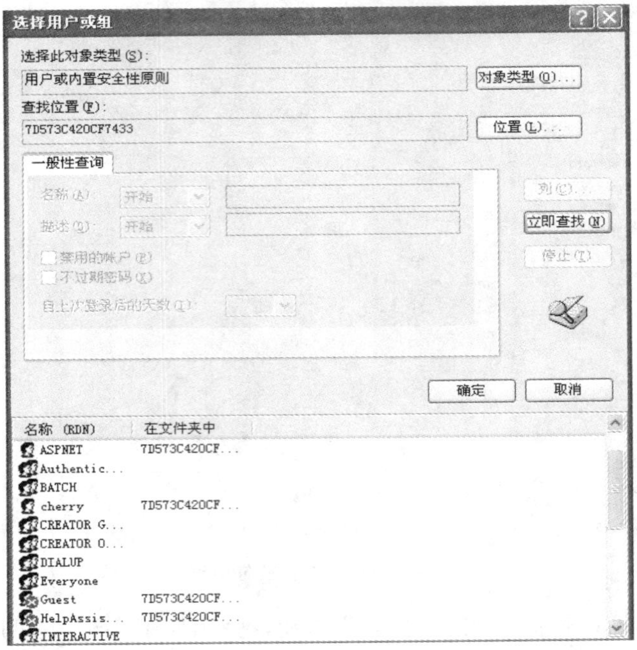

图 7-5　选择 Windows 用户名称

（5）依次点击图 7-2～图 7-4 所示的对话框后，名为“7D573C420CF7433\cherry”的 Windows 登录账户创建成功，如图 7-6 所示。

图 7-6　登录账户创建成功

（6）验证新建的登录账户是否可登录 SQL Server。注销 Windows 系统的当前用户，以 cherry 账户登录 Windows 系统，然后打开 SQL Server 2008，可见到如图 7-7 所示的登录窗口。

图 7-7　验证登录账户

【**例 7-2**】使用 SQL 命令创建 SQL Server 验证模式的登录账户 MyName。

调用系统存储过程 sp_addlogin 实现该账户的添加，命令如下，运行结果如图 7-8 所示。

EXEC sp_addlogin 'MyName','123','JX'

【**例 7-3**】使用向导方式创建 SQL Server 验证方式的登录账户 Tuser。

步骤如下：

（1）“对象资源管理器”→具体实例（如：7D573C420CF7433\CJYDB）→“安全性”→右击“登录名”→单击“新建登录名”，弹出如图 7-9 所示的对话框。

图 7-8　用 SQL 命令创建 SQL 验证方式的登录账户 MyName

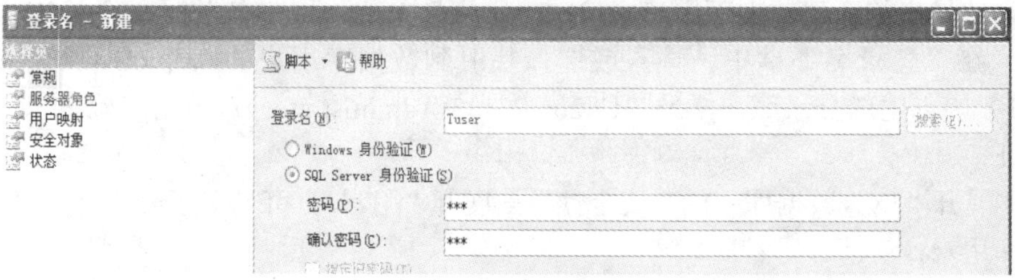

图 7-9　新建登录名对话框

（2）输入登录名“Tuser”，选择“SQL Server 身份验证”方式，输入并确认密码“123”

后“确定”。

验证：

（1）检查新登录账户，可见；登录账户 Tuser 创建成功；

（2）新建连接并选择 SQL 验证身份方式，输入用户名“Tuser”和密码“123”后登录成功。

7.3 创建和管理数据库用户

【实验目的】

掌握在 SQL Server 中创建数据库用户的方法。

【实验内容】

（1）使用向导方式创建和管理指定数据库的用户；

（2）使用 SQL 方式创建和管理指定数据库的用户。

【语法格式】

CREATE USER <new user name>

FOR LOGIN <login name>

功能：创建指定登录名的数据库用户，其中：

new user name：新的数据库用户名；

login name：登录账户名。

【应用举例】

【例 7-4】 使用向导方式为 Windows 登录账户 7D573C420CF7433\ Administrator 创建数据库 JX 的用户 W_user。

步骤如下：

（1）打开对象资源管理器→展开“数据库”文件夹→展开“JX”→右击“安全性”文件夹→单击“新建”→单击“用户”；

（2）在弹出的新建数据库用户窗口的“常规”页的“用户名”框中输入 W_user；

（3）在“登录名”框中，输入或选择映射到数据库用户的 Windows 登录账户名（【例 7-1】中创建的登录账户 7D573C420CF7433\Administrator），单击“确定”。

验证：

（1）展开“JX”数据库下的“安全性”→展开“用户”，可见多了一个名为“W_user”的数据库用户；

（2）以 Administrator 账户登录操作系统后再登录 SQL Server 2008。

【例 7-5】 使用 SQL 命令方式为 SQL 登录账户 Tuser 创建数据库 JX 的用户 S_user。

SQL 语句如下：

CREATE USER S_user FOR LOGIN Tuser

验证：展开“JX”数据库下的“安全性”→展开“用户”，可见多了一个名为“S_user”的数据库用户。

注意：基于一个登录账户在同一个数据库下只能创建一个用户。例如：若还希望以登录账户 Tuser 再创建一个 JX 的用户，则出现如图 7-10 所示的错误提示。

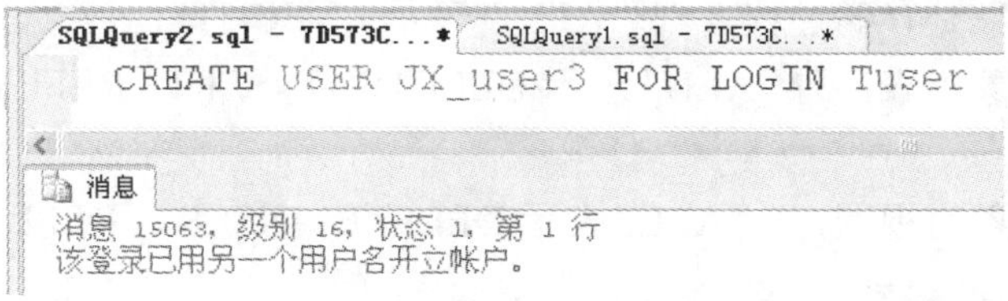

图 7-10　同一登录账户下创建多个数据库用户的错误提示

【例 7-6】使用 SQL 命令方式删除数据库 JX 的用户 W_user。

SQL 语句如下：

DROP USER W_user

验证：刷新后可检查到 JX 数据库的用户中已没有 W_user。

提示：如果删除用户出错，请先删除其拥有的架构。

7.4　许可权限管理

【实验目的】

掌握 SQL Server 许可权限管理的向导方式和 SQL 方式。

【实验内容】

（1）使用向导方式配置和管理许可权限；

（2）使用 SQL 方式配置和管理许可权限。

【语法格式】

1．将安全对象的权限授予主体

语法结构如下：

```
GRANT ALL [PRIVILEGES]| permission[(column[,...n ])] [ ,...n ]
        [ON [ class :: ] securable ] TO principal [ ,...n ]
        [WITH GRANT OPTION ] [ AS principal ]
```

参数说明如下：

（1）ALL。

不推荐使用此选项，授予 ALL 参数相当于授予以下权限：

①如果安全对象为数据库，则“ALL”表示 BACKUP DATABASE、BACKUP LOG、CREATE DATABASE、CREATE DEFAULT、CREATE FUNCTION、CREATE PROCEDURE、CREATE RULE、CREATE TABLE 和 CREATE VIEW。

②如果安全对象为标量函数，则“ALL”表示 EXECUTE 和 REFERENCES。

③如果安全对象为表值函数，则“ALL”表示 DELETE、INSERT、REFERENCES、SELECT 和 UPDATE。

④如果安全对象是存储过程，则“ALL”表示 EXECUTE。

⑤如果安全对象为表，则“ALL”表示 DELETE、INSERT、REFERENCES、SELECT 和 UPDATE。

⑥如果安全对象为视图，则“ALL”表示 DELETE、INSERT、REFERENCES、SELECT 和 UPDATE。

（2）PRIVILEGES。

包含此参数是为了符合 ISO 标准。请不要更改 ALL 的行为。

（3）permission。

此参数为权限的名称。不同权限与安全对象之间有着不同的有效映射。比如：

（4）column。

此参数指定表中将授予其权限的列的名称，需要使用括号“()”。

（5）class。

此参数指定将授予其权限的安全对象的类。需要范围限定符“::”。

（6）securable。

此参数指定将授予其权限的安全对象。

（7）TO principal。

此参数为主体的名称。可为其授予安全对象权限的主体随安全对象而异。有关有效的组合，请参阅下面列出的子主题。

（8）GRANT OPTION。

此参数指示被授权者在获得指定权限的同时还可以将指定权限授予其他主体。

（9）AS principal。

此参数指定一个主体，执行该查询的主体从该主体获得授予该权限的权利。

2. 取消以前授予或拒绝的权限

语法结构如下：

```
REVOKE [GRANT OPTION FOR]
        ALL[ PRIVILEGES]|permission[(column[,...n ])][ ,...n ]
        ON [ class :: ] securable
        TO | FROM principal [,...n ]
      [CASCADE] [AS principal]
```

参数简单说明如下：

（1）GRANT OPTION FOR。

该选项指示将撤销授予指定权限的能力。在使用 CASCADE 参数时，需要具备该功能。

（2）ALL。

该选项并不撤销全部可能的权限，具体权限与 GRANT 时相同。不推荐使用 REVOKE ALL 语法，建议改为撤销特定权限。

（3）PRIVILEGES、permission、class、securable。

该选项与 GRANT 权限时时相同。

（4）column。

该选项指定表中将撤销其权限的列的名称，需要使用括号。

（5）TO | FROM principal。

可撤销对安全对象的权限的主体随安全对象而异。

（6）CASCADE。

该选项指示当前正在撤销的权限也将从其他被该主体授权的主体中撤销。使用 CASCADE 参数时，还必须同时指定 GRANT OPTION FOR 参数。

（7）AS principal。

该选项指定一个主体，执行该查询的主体从该主体获得撤销该权限的权利。

3．拒绝授予主体权限，防止主体通过其组或角色成员身份继承权限

语法结构如下：

```
DENY ALL[ PRIVILEGES]| permission[( column [ ,...n ] ) ] [ ,...n ]
        [ON [class :: ] securable ] TO principal [,...n ]
        [CASCADE] [ AS principal ]
```

参数说明如下：

（1）ALL。

该选项不拒绝所有可能权限。不推荐使用 DENY ALL 语法，建议改为拒绝特定权限。

（2）PRIVILEGES、permission、class、securable、TO principal。

含义与 REVOKE 语法相同。

（3）CASCADE。

该选项指示拒绝授予指定主体该权限，同时，对该主体授予了该权限的所有其他主体，也拒绝授予该权限。当主体具有带 GRANT OPTION 的权限时，为必选项。

（4）AS principal。

该选项指定一个主体，执行该语句的主体从该主体获得拒绝授予该权限的权利。

4．备注

REVOKE 语句可用于删除已授予的权限，DENY 语句可用于防止主体通过 GRANT 获得特定权限。

授予权限将删除对所指定安全对象的相应权限的 DENY 或 REVOKE 权限。如果在包含该安全对象的更高级别中拒绝了相同的权限，则 DENY 优先。但是，在更高级别撤销已授予权限的操作并不优先。

【应用举例】

【例 7-7】 授予 JX 数据库用户 S_user 对表 SC 的 SELECT、IINSERT 和 DELETE 权限。

向导方式授权过程如下：

（1）单击数据库用户“S_user”→单击“属性”，弹出如图 7-11 所示的窗口。

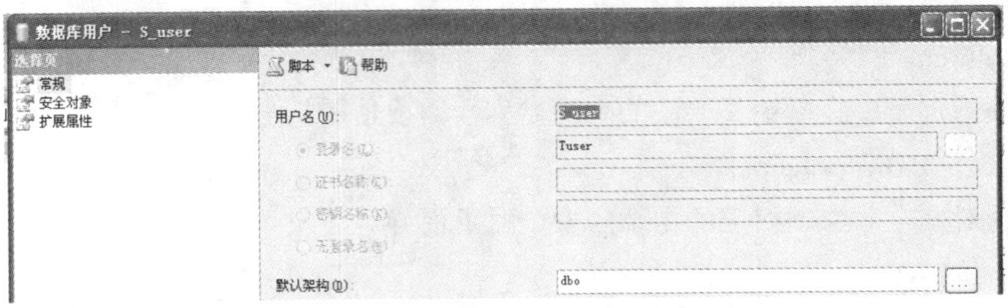

图 7-11　数据库用户 S_user 的属性窗口

（2）添加安全对象：单击选择页的“安全性对象”→点击“搜索”按钮→在弹出的“添加对象”对话框中选择“特定对象”单选按钮→“确定”，如图 7-12 所示。

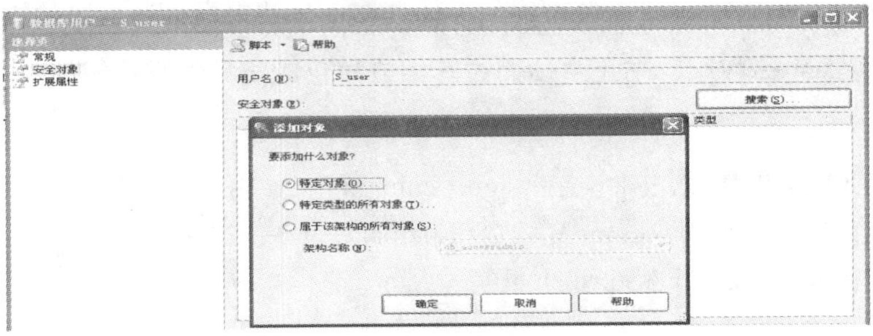

图 7-12　添加安全对象

（3）选择对象类型：在弹出的“选择对象”对话框中点击“对象类型”按钮→在弹出的“选择对象类型”对话框中勾选“表”→“确定”，如图 7-13 所示。

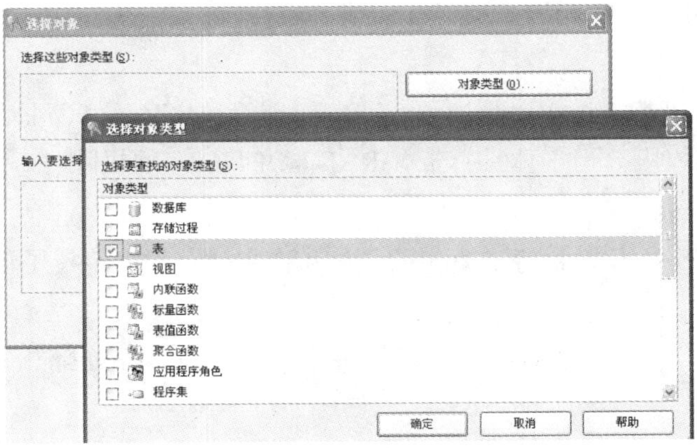

图 7-13　选择对象类型

（4）继续在“选择对象”对话框中点击“浏览”按钮→在弹出的“查找对象”对话框中勾选表“[dbo].[sc]”→“确定”，如图 7-14 所示。

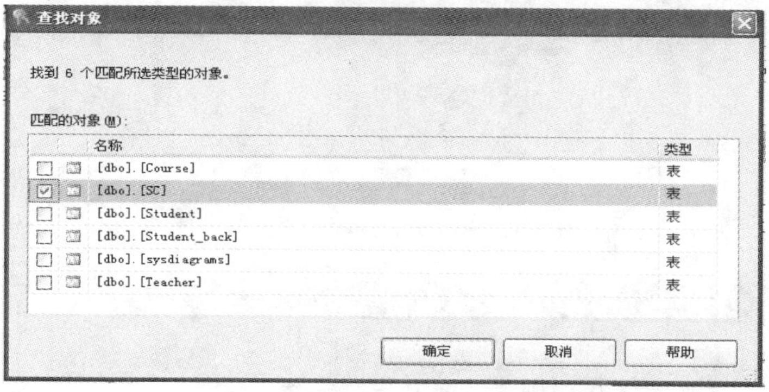

图 7-14　查找对象

（5）按要求授予权限后“确定”，如图 7-15 所示。

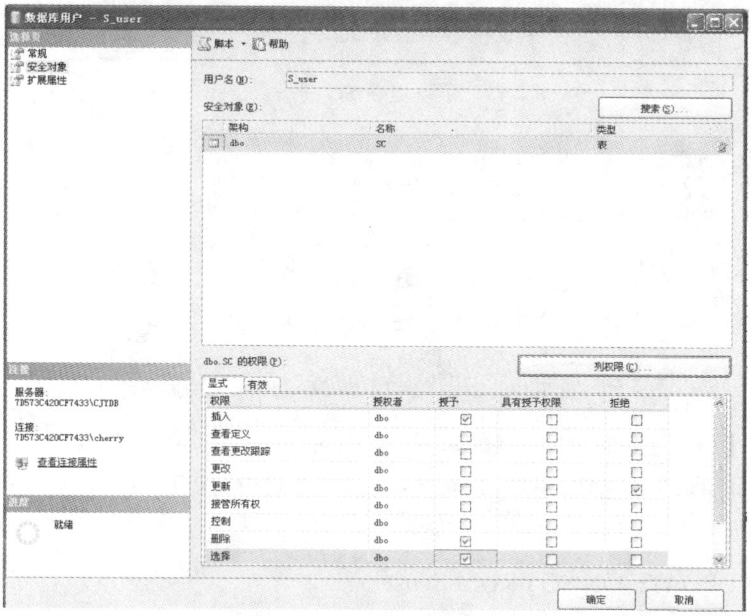

图 7-15　授予权限

验证：

（1）以用户“Tuser”登录后可见，对象资源管理器中的 JX 数据库下只有 SC 用户表，如图 7-16 所示。

（2）插入、删除和查找操作都没有问题，手动更新和语句更新则分别给出如图 7-17 和图 7-18 所示的错误提示。

【例 7-8】授予 JX 数据库用户 S_user 对表 SC 的 UPDATE 权限。

以具有授予 S_user 用户权限的登录账户登录后，使用 SQL 命令如下：

```
GRANT UPDATE ON SC TO S_user
```

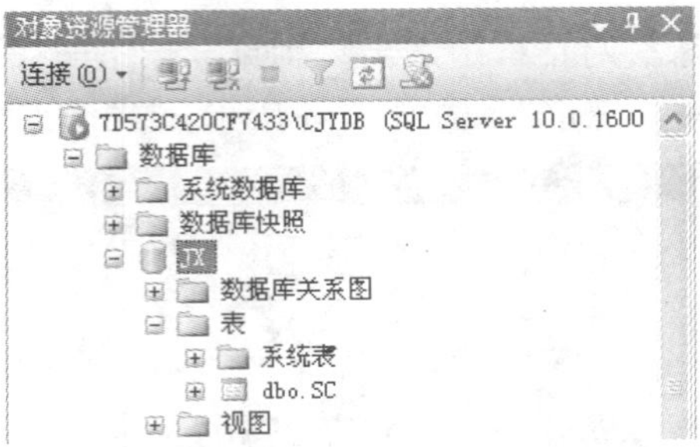

图 7-16　Tuser 登录账户的对象资源管理器

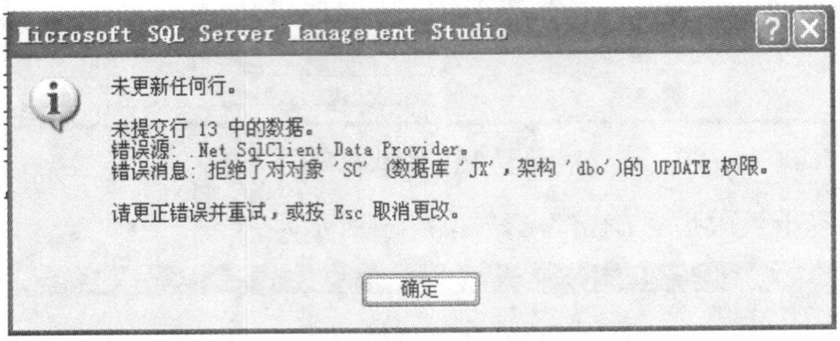

图 7-17　手动更新 SC 的错误提示

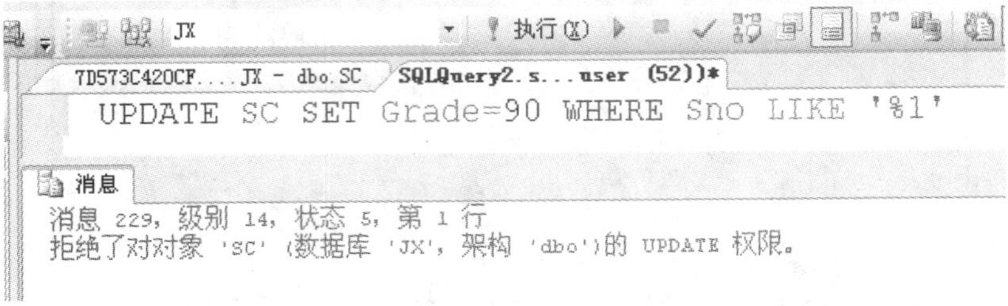

图 7-18　SQL 语句更新 SC 的错误提示

验证：按【例 7-1】验证方式修改，结果成功。

【例 7-9】取消 JX 数据库用户 S_user 对表 SC 的 UPDATE 权限。

SQL 命令如下：

REVOKE UPDATE ON SC FROM S_user

验证：结果如【例 7-1】的验证结果。

【上机作业】

注意：请分别使用用向导方式和 SQL 语句实现，所有权限均需验证。

（1）创建一个 Windows 登录账户；

（2）创建一个 SQL 登录账户；

（3）创建一个 Windows 验证方式登录的数据库 JX 用户 WT_USER，并授予其对表 Teacher 的 SELECT 权限；

（4）创建一个 SQL 验证方式登录的数据库 JX 用户 ST_USER，并授予其对表 SC 的 SELECT 权限，以及对 Grade 的修改权限。

实验 8　完整性控制

8.1　知 识 链 接

8.1.1　完整性的含义及目的

数据是数据库的核心和基础，为了保证数据库数据不仅符合语义，同时还能保证相关数据表之间的数据关联性一致性。RDBMS提供了完整性控制机制。

数据库的完整性指数据库数据的正确性和相容性。

数据库完整性控制目的：防止数据库中存在不正确的数据。

8.1.2　完整性规则

为了保证数据库的完整性，RDBMS 必须能够提供定义完整性约束条件的机制。

完整性约束条件即是完整性规则，包括：

（1）实体完整性规则：主属性不能为空。

（2）参照完整性规则：外码的取值要么为空，要么为被参照关系中主码的取值，二者必居其一。

（3）用户定义完整性规则：根据实际应用需求，由用户强制定义数据取值范围和取值条件。

8.2　完整性控制

完整性控制即是基于特定数据对象定义完整性规则，当用户插入、修改或删除记录时，RDBMS根据完整性规则确定其操作是否能保证数据库数据的正确性和相容性。

完整性规则的作用对象包括关系、元组和列三种，可通过表设计方式或SQL的DDL语句方式实现。

8.2.1　实体完整性

【实验目的】

掌握实体完整性的定义和管理方式。

【实验内容】

（1）使用表设计方式管理实体完整性；

（2）使用 SQL 的 DDL 语句管理实体完整性。

【语法格式】

（1）主码定义：PRIMARY KEY；
（2）唯一键定义：UNIQUE。

【应用举例】

【例8-1】 在学生表Student的Sname上建立唯一键约束UN-Sname。

方法一：使用表设计方式。

“对象资源管理器”→“数据库”→“JX”→“表”→右击“Student” →“设计”→在表设计窗口中单击右键，选择“索引/键”→选择“类型”为“唯一键”，“列”为“Sname”，“标识”的“名称”为“UN_Sname”→“关闭”，如图8-1所示。

说明：可通过表设计对话框修改和删除已定义的完整性约束。

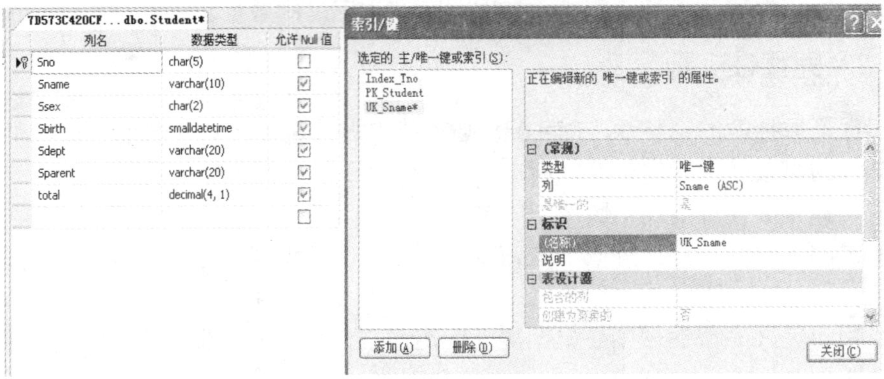

图 8-1　表设计方式创建唯一键约束 UN_Sname

方法二：使用 SQL 的 DDL 语句方式。

SQL 语句如下：

```
ALTER TABLE Student
    ADD CONSTRAINT UK_Sname UNIQUE(Sname)
```

8.2.2　参照完整性

【实验目的】

掌握参照完整性的定义和管理方式。

【实验内容】

（1）使用表设计方式管理参照完整性；
（2）使用 SQL 的 DDL 语句管理参照完整性。

【语法格式】

FOREIGN KEY（外码）REFERENCES 参照关系（主码）
[ON DELETE NO ACTION | CASCADE | SET NULL | SET DEFAULT]
[ON UPDATE NO ACTION | CASCADE | SET NULL | SET DEFAULT]

【应用举例】

【例8-2】 建立学生表Student和选课表SC间的外键关系FK_SC_Student。

方法一：使用表设计方式。

步骤如下：

右击外键表“SC”→单击“设计”打开表设计器→空白处右击→快捷菜单中单击“关系”→在弹出的外键关系对话框中单击“添加”按钮→单击“表和列规范”右边的按钮→选择主键表为“Student”和主码“Sno”，选中外键表SC的“Sno”→设置关系FK_SC_Student完成→单击“确定”，如图8-2所示。

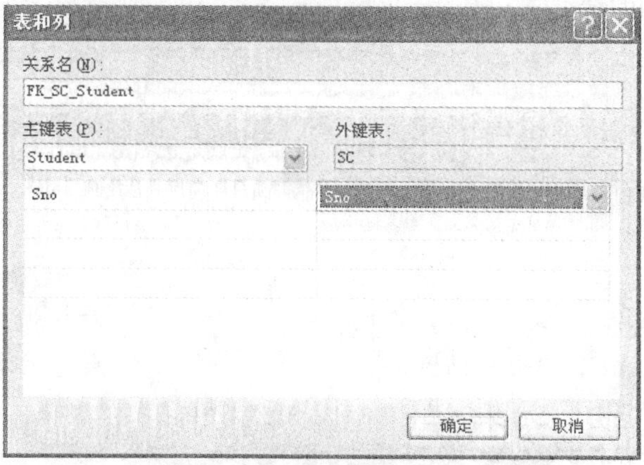

图 8-2　设置外键约束 FK_SC_Student

方法二：使用 SQL 的 DDL 语句方式。

SQL 语句如下：

```
ALTER TABLE SC
    ADD CONSTRAINT FK_SC_Student
    FOREIGN KEY(Sno) REFERENCES Student(Sno)
```

【例8-3】 建立课程表Course和选课表SC间的外键关系FK_SC_Course，并保证Course表中的课程号修改和删除时级联更新SC表的课程号。

使用 SQL 的 DDL 语句如下：

```
ALTER TABLE SC
    ADD CONSTRAINT FK_SC_Course
    FOREIGN KEY(Cno) REFERENCES Course(Cno)
    ON UPDATE CASCADE ON DELETE CASCADE
```

8.2.3 用户定义完整性

【实验目的】

掌握用户定义完整性的定义和管理方式。

【实验内容】

（1）使用表设计方式管理用户定义完整性；
（2）使用 SQL 的 DDL 语句管理用户定义完整性。

【语法格式】

NOT NULL
DEFAULT <默认值>
CHECK <条件表达式>
<数据类型> [宽度|精度[，小数位数]]

【应用举例】

【例 8-4】 在 SC 表中创建 CHECK 约束 CK_Grade，限制用户在插入或更改成绩时，不能超过 0～100 的范围。

方法一：使用表设计方式。

步骤如下：

右击表“SC”→单击“设计”打开表设计器→空白处右击→快捷菜单中单击“CHECK 约束”→在弹出的CHECK约束对话框中单击“添加”按钮→填写如图8-3所示的表达式和名称→确定后单击“关闭”完成。

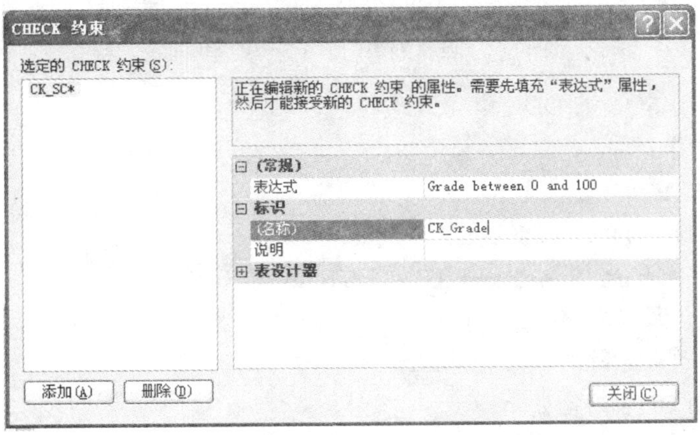

图 8-3 创建 CHECK 约束 CK_Grade

方法二：使用 SQL 的 DDL 语句方式。

与方法一等效的 SQL 语句如下：

ALTER TABLE SC

```
ADD CONSTRAINT CK_Grade
CHECK (Grade between 0 and 100)
```

【上机作业】

说明：以下内容请分别用两种方式实现并通过相关操作进行验证。

（1）对实验中的几张表建立主键约束（对已创建了主键约束的，请删除后重建）；

（2）在SC表的Sno字段创建外键约束，引用Student表的Sno字段，要求实现级联删除；

（3）在SC表的Cno字段创建外键约束，引用Course表的Cno字段，要求被同学选修的课程不能删除；

（4）在SC表的Tno字段创建外键约束，引用Teacher表的教工号字段，要求实现级联更新和删除；

（5）在Teacher表上创建Unique约束Unique_TNP，不允许出现姓名和联系电话完全一样的教师记录；

（6）在Student表中创建Default约束Df_Ssex，当用户插入学生记录时，如果没有提供性别字段Ssex的值则用“男”填充；

（7）在学生表 Student 中创建 CHECK 约束 CK_Sbirth，以保证用户输入的出生日期字段 Sbirth 的值不超过当前日期（可使用系统函数 getdate()获取系统当前日期）。

实验9　存储过程

9.1　知识链接

9.1.1　存储过程及其意义

1．存储过程

存储过程（Stored Procedure ）是为了完成某种特定功能而编写的一段在服务器上执行的 SQL 语句和流程控制语句的集合。它在服务器端对数据库记录进行处理，再把结果返回到客户端。

SQL Server 不仅提供了用户自定义存储过程的功能，而且也提供了许多可作为工具使用的系统存储过程，系统存储过程中又分为一般系统存储过程和扩展存储过程。

2．存储过程的意义

（1）可以在程序中被多次调用；

（2）能够实现较快的执行速度；

（3）能够减少网络流量；

（4）可被作为一种安全机制来充分利用；

（5）可以提供对数据的轻松访问；

（6）可实现应用程序与数据库间的逻辑独立性。

9.1.2　流程控制

SQL Server 提供了流程控制语句用以实现程序的流程控制，其流程控制语句及语法如下：

1．条件分支语句 IF…ELSE 和 CASE…WHEN…THEN…

（1）IF…ELSE…语句。

```
IF <条件表达式>
        <命令行或程序块>
[ELSE [条件表达式]
        <命令行或程序块>]
```

（2）CASE…WHEN…THEN…语句。

第一种格式：将某个表达式与一组值进行比较以确定结果。

```
CASE 表达式
    WHEN 值 THEN 结果表达式
    […n ]
```

```
    [ ELSE 结果表达式]
END
```

第二种格式：计算一组条件表达式以确定结果。

```
CASE
    WHEN 条件表达式 THEN 结果表达式
    [...n ]
    [ ELSE 结果表达式]
END
```

2．用 BEGIN…END 定义语句块

```
BEGIN
  {
        <命令行或程序块>
  }
END
```

其中，BEGIN…END 语句块可以嵌套。

3．用 WHILE 语句实现循环

```
WHILE <条件表达式>
BEGIN
        <命令行或程序块>
[BREAK]
[CONTINUE]
[命令行或程序块]
END
```

4．用 GOTO 语句实现程序跳转

GOTO语句将执行变更到标签处，跳过GOTO之后的语句，在标签处继续处理。

GOTO 语句和标签可在存储过程、批处理或语句块中的任何位置使用，并可嵌套使用。

5．用 WAITFOR 为语句的执行设置延迟

```
WAITFOR { DELAY 'time' | TIME 'time' }
```

说明：WAITFOR为语句块、存储过程或事务指定执行的时间或时间间隔。其中，DELAY用来设定等待的时间，最多可达24小时，TIME 用来设定等待结束的时间点。

6．用 RETURN 结束当前程序的执行并返回

```
RETURN（[整数返回值]）
```

7．注释符

单行注释符：--

多行注释符：/*……*/

9.1.3 游标及其使用

1．游标

SQL SERVER提供游标机制并用来处理多行记录。

2. 游标的使用

游标的使用步骤及语法如下：

（1）声明游标。

```
DECLARE cursor_name CURSOR
[ LOCAL | GLOBAL ]
[ FORWARD_ONLY | SCROLL ]
[ STATIC | KEYSET | DYNAMIC | FAST_FORWARD ]
[ READ_ONLY | SCROLL_LOCKS | OPTIMISTIC ]
[ TYPE_WARNING ]
FOR select_statement
[ FOR UPDATE [ OF column_name [ ,…n ] ] ]
```

（2）打开游标。

```
[OPEN GLOBAL ] cursor_name | cursor_variable_name
```

（3）从游标中读取行并选择性处理。

```
FETCH [NEXT | PRIOR| FIRST | LAST | ABSOLUTE n | @nvar
| RELATIVE n | @nvar]
FROM [GLOBAL] cursor_name | cursor_variable_name
[INTO @variable_name ][,…n]]
```

说明：

在每次用FETCH从游标中读取数据时都应检查@@FETCH_STATUS 全局变量，以确定上次FETCH 操作是否成功。

@@FETCH_STATUS 变量有三个不同的返回值：

0：FETCH 命令被成功执行；

–1：FETCH 命令失败或者行数据超过游标数据结果集的范围；

–2：所读取的数据已经不存在。

（4）关闭游标。

```
CLOSE [GLOBAL] cursor_name | cursor_variable_name
```

（5）释放游标。

```
DEALLOCATE [GLOBAL] cursor_name | cursor_variable_name
```

9.2 创建和管理存储过程

9.2.1 创建和执行存储过程

【实验目的】

掌握创建和执行存储过程的方法。

【实验内容】

（1）创建存储过程；
（2）执行存储过程；
（3）使用游标。

【语法格式】

1．创建存储过程

```
CREATE PROC [EDURE ] procedure_name [ ; number ]
    [@parameter data_type [VARYING ] [ = default ] [ OUTPUT |OUT]] [ ,…n ]
[WITH RECOMPILE | ENCRYPTION | RECOMPILE , ENCRYPTION]
[FOR REPLICATION ]
AS
sql_statement [… n ]
```

说明：

（1）procedure_name：唯一的新存储过程名称。
（2）number：用于对同名存储过程进行分组，number可取整数。
（3）parameter：参数，用@作参数的第一个字符，仅用于该过程本身，最多可达290个。
（4）data_type：数据类型。
（5）default：参数的默认值，必须是常量或 NULL。
（6）OUTPUT：指示参数是输出参数。此选项的值可以返回给EXECUTE调用方。
（7）sql_statement：要包含在过程体中的一个T-SQL 语句。

2．执行存储过程

```
EXEC <存储过程名> [<参数 [OUT] > [, ……]]
```

【应用举例】

【例9-1】创建存储过程Pro_SelectByDept，用以查询用户指定系别的学生基本信息。

解析：系别由用户指定，因此，该存储过程应该带一个与系别Sdept数据类型和宽度一致的输入变量。

存储过程定义如下：

```
CREATE PROC Pro_SelectByDept @dept varchar(20)
AS
SELECT * FROM Student WHERE Sdept=@dept
```

存储过程调用及结果如图 9-1 所示。

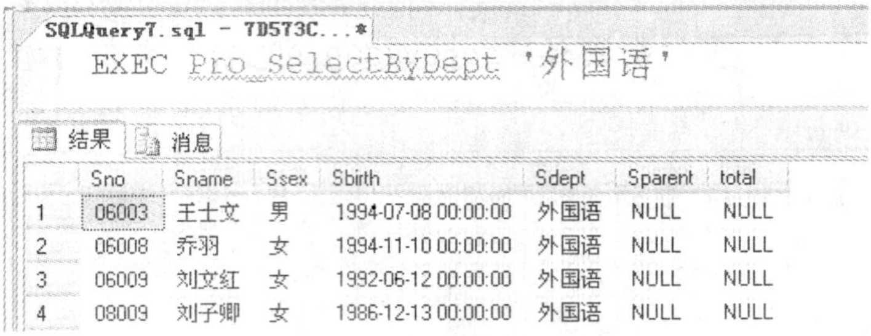
SQLQuery7.sql - 7D573C...*

EXEC Pro_SelectByDept '外国语'

结果　消息

	Sno	Sname	Ssex	Sbirth	Sdept	Sparent	total
1	06003	王士文	男	1994-07-08 00:00:00	外国语	NULL	NULL
2	06008	乔羽	女	1994-11-10 00:00:00	外国语	NULL	NULL
3	06009	刘文红	女	1992-06-12 00:00:00	外国语	NULL	NULL
4	08009	刘子卿	女	1986-12-13 00:00:00	外国语	NULL	NULL

图 9-1　存储过程的调用

【例9-2】 创建存储过程Pro_AvgGraodeBySno，用于统计每个同学的平均成绩并分别打印出来。

解析：由于有多个同学，每个同学的平均成绩需要分别处理，因此，该存储过程需要使用游标。

存储过程定义如下：

```
CREATE PROC Pro_AvgGradeBySno
AS
BEGIN
    --申明两个变量，分别用于存储学号及平均成绩
    DECLARE @xh char(5), @avg decimal(5,1)
    DECLARE Cur_Avg CURSOR FOR
        SELECT Sno,AVG(Grade) FROM SC GROUP BY Sno
    OPEN Cur_Avg
    FETCH NEXT FROM Cur_Avg INTO @xh,@avg
    WHILE @@FETCH_STATUS=0
    BEGIN
        PRINT @xh+'的平均成绩是：'+convert(char(9),@avg)
--convert是数据类型转换函数
        FETCH NEXT FROM Cur_Avg INTO @xh,@avg
    END
    CLOSE Cur_Avg
    DEALLOCATE Cur_Avg
END
```

存储过程调用及结果如图 9-2 所示。

【例9-3】 创建存储过程Pro_insertStu，用于插入指定学号、姓名的学生信息。

解析：由于需要插入指定学号、姓名的学生信息，因此，该存储过程需要带两个输入参数。

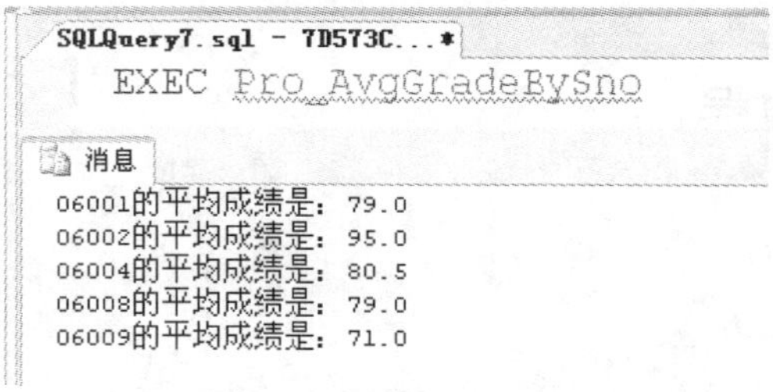

图 9-2　存储过程 Pro_AvgGraodeBySno 的调用及结果

存储过程定义如下：

```
CREATE PROC Pro_insertStu @sno char(5),@name varchar(9)
AS
INSERT INTO Student(Sno,Sname) VALUES(@sno,@name)
```

执行及结果验证：

执行语句：EXEC Pro_insertStu2 '20130078','吴海燕'

验证：SELECT * FROM Student

可见表中增加了一条学号和姓名分别为'20130078'和'吴海燕'的新记录。

9.2.2　修改存储过程

【实验目的】

掌握修改存储过程的方法。

【实验内容】

用SQL方式修改存储过程。

【语法格式】

```
ALTER PROC  已创建的存储过程名  [新参数……]
AS
    sql_statement [⋯n ] --新过程体
```

【应用举例】

【例9-4】修改存储过程Pro_insertStu，使其能完成插入指定学号、姓名和性别的学生信息。

存储过程修改如下：

```
ALTER PROC Pro_insertStu @sno char(5),@name varchar(9),@sex char(2)
AS
BEGIN
```

```
    INSERT INTO Student(Sno,Sname,Ssex) VALUES(@sno,@name,@sex)
    SELECT * FROM Student
END
```

9.2.3 删除存储过程

【实验目的】

掌握删除存储过程的方法。

【实验内容】

用SQL方式删除存储过程。

【语法格式】

DROP PROC 已创建的存储过程名

【应用举例】

【例9-5】删除存储过程Pro_insertStu。

存储过程删除的 SQL 语句如下：

```
DROP PROC Pro_insertStu
```

【上机作业】

（1）创建存储过程pro_SelectByJSJ，用以查询计算机系学生的基本信息；

（2）创建存储过程pro_SelectByTprof，用以按照用户指定的职称查询教师的基本信息；

（3）创建存储过程pro_AddTeacher，用以插入指定教工号和姓名的教师信息；

（4）创建存储过程pro_AddTeacher2，用以插入用户指定人数的多个教师教工号和姓名信息（提示：通过调用3的存储过程实现）；

（5）创建存储过程pro_DeleteSC，用以删除指定教工号的选课信息；

（6）（选做）创建存储过程pro_UpdateTotal，用以检查当前学生的学分Total是否与其成绩相符合，若不符合则修改（提示：学生获得一门课程的学分的条件是这门课程的成绩Grade≥60）。

实验 10 触 发 器

10.1 知 识 链 接

10.1.1 触发器的定义及特点

触发器是一种通过表操作事件（UPDATE、INSERT 或 DELETE）触发而被执行的特殊的存储过程，常用于实现强制业务规则以及由主键和外键所不能保证的复杂的数据完整性。

就本质而言，触发器也是一种存储过程，是一种特殊的存储过程。与普通存储过程的区别在于：触发器在被表操作事件（UPDATE、INSERT 或 DELETE）激活后自动执行，而存储过程需要按照存储过程名称直接调用。

10.1.2 触发器的优点

使用触发器有如下优点：

（1）自动执行。触发器在对表的数据作了任何修改（比如手工输入或者应用程序的操作）之后立即被激活。

（2）级联更新。触发器可以通过数据库中的相关表进行层叠更改，这比直接把代码写在前台的做法更安全合理。

（3）强化约束。触发器可以引用其他表中的列，能够实现比 CHECK 约束更为复杂的约束。

（4）跟踪变化。触发器可以阻止数据库中未经许可的指定更新和变化。

（5）强制业务逻辑。触发器可用于执行管理任务，并强制影响数据库的复杂业务规则。

10.1.3 触发器的原理

触发器的实现主要基于如下两个特殊的逻辑表：

（1）插入表 inserted：用于存放所有插入原表的记录内容；

（2）删除表 deleted：用于存放所有的删除行。

这两张表主要保存因用户操作而被影响到的原数据值或新数据值，表结构与被该触发器作用的表结构相同。它们在触发器执行时动态驻留在内存中，触发器结束时消失，在触发体过程中可如基本表一样使用。

10.1.4 触发器的类型

触发器主要有如下两类：

1．AFTER 触发器

AFTER 触发器等价于 FOR 触发器，只能指定在表上，其过程体在执行 INSERT、UPDATE 或 DELETE 语句的所有操作（包括级联执行操作）后才被执行。

2．INSTEAD OF 触发器

INSTEAD OF触发器通过执行触发体过程来代替触发操作，可指定在表或带有一个或多个基表的视图上。

10.2　创建和管理触发器

10.2.1　创建触发器

【实验目的】

掌握触发器的 SQL 创建方式。

【实验内容】

（1）创建 INSTEAD OF 触发器；

（2）创建 AFTER | FOR 触发器。

【语法格式】

触发器的基本语法结构如下：

```
CREATE TRIGGER <新触发器名>
ON { table | view } --只能一个表或视图
[ WITH ENCRYPTION ]
FOR | AFTER | INSTEAD OF   [ INSERT ] [ , ] [ UPDATE ] [ , ] [ DELETE ]
AS
sql_statement [ …n ] --触发体：触发器将要执行的动作
```

【应用举例】

【例10-1】创建触发器tri_RestrictXK，以保证在添加学生选课信息时，每个学生的选课门数不能超过5门。

解析：该触发器不能只考虑单个选课信息的增加，当批量加入时也要能处理，因此，需要用到游标。

该触发器创建如下：

```
Create trigger tri_RestrictXK on sc instead of insert
as
begin
    declare @sno char(5),@add int,@before int
```

```
--定义的三个变量用于保存学号、新增选课数和已选课数
    declare cur_i cursor for select sno,count(*) from inserted group by sno
    open cur_i
    fetch next from cur_i into @sno,@add
    while(@@fetch_status=0)
    begin
        select @before=count(*) from sc where sno=@sno
        print @sno+'原选课门数是:'+cast(@before as char(3))
+'欲增加门数是:'+cast(@add as char(3))
        if(@add+@before<=5)
            begin
                insert into sc select * from inserted where sno=@sno
                print @sno+'号同学选课成功！'
            end
        else
            print @sno+'号同学总选课超过门！'+'你最多只能再选'+convert(char(2),
5-@before)+'门课程!'
        fetch next from cur_i into @sno,@add
    end
    close cur_i
    deallocate cur_i
end
```

该触发器创建后，在SC表中新增记录时即被触发，触发体自动执行，以保证每个同学的选课门数都不会超过5门。

验证：当“06004”号同学的选课门数已经有5门，想通过SQL语句再添加一门选课时，结果如图10-1所示。

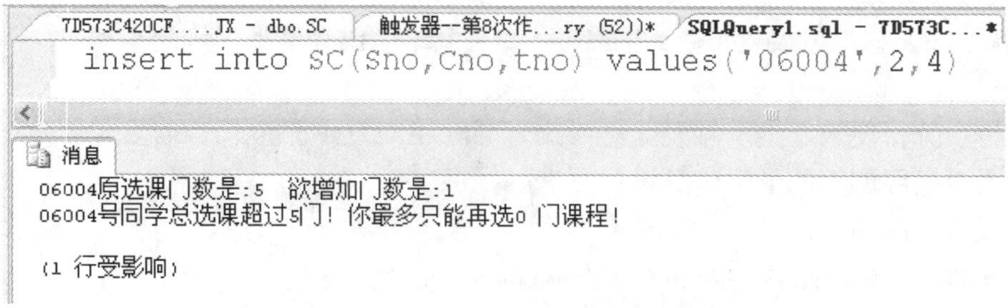

图 10-1　触发器的作用示例

【例 10-2】创建触发器 tri_DeleteStu，以保证删除学生表 Student 表中的学生基本信息时，级联删除 SC 中的这些学生的选课记录。

解析：该触发器是为了实现学生基本信息及其相关选课信息的级联删除。

说明：该触发器的功能由参照完整性即可实现。若使用完整性机制和触发器都能实

现的功能，建议通过定义完整性规则实现。

触发器创建如下：

```
CREATE TRIGGER tri_DeleteStu ON Student FOR DELETE
AS
BEGIN
    DELETE FROM SC WHERE SNO IN (SELECT SNO FROM DELETED)
END
```

验证：删除学生表Student中某个学生的记录，检查可见选课表SC中该学号的相关记录是否已被同时删除。

10.2.2 修改触发器

【实验目的】

掌握触发器的SQL修改方式。

【实验内容】

按需修改触发器。

【语法格式】

```
ALTER TRIGGER <已有触发器名>
ON { table | view }
[ WITH ENCRYPTION ]
FOR | AFTER | INSTEAD OF   [ INSERT ] [ , ] [ UPDATE ] [ , ] [ DELETE ]
AS
<触发体>
```

【应用举例】

【例 10-3】修改触发器 tri_DeleteStu，如果某学生已经选课，则这个学生的基本信息不能删除。

解析：分析要求，这个触发器可修改为 INSTEAD OF 触发器，若要保留原触发器类型，则需对已经删除的学生信息进行回滚。

触发器修改如下：

```
alter TRIGGER tri_DeleteStu ON Student FOR DELETE
AS
BEGIN
    IF(EXISTS(SELECT * FROM SC WHERE SNO=
(SELECT SNO FROM DELETED)))
        BEGIN
```

```
            PRINT '该同学有选课，不能删除!'
            ROLLBACK
        END
    ELSE
        DELETE FROM SC WHERE SNO=(SELECT SNO FROM DELETED)
END
```

验证：

（1）删除有选课记录的学生信息，失败；

（2）删除没有选课记录的学生信息，成功执行。

10.2.3 删除触发器

【实验目的】

掌握触发器的 SQL 删除方式。

【实验内容】

删除指定触发器。

【语法格式】

DROP TRIGGER { trigger } [,…n]

【应用举例】

【例 10-4】删除【例 10-3】创建的触发器 tri_DeleteStu。

触发器删除如下：

DROP TRIGGER tri_DeleteStu

验证：一个学生的选课记录可高于 5 条。

【上机作业】

（1）创建触发器 tri_RestrictXK，以保证每门课的选课人数不超过 10 人（提示：用 INSTEAD OF 触发器）。

（2）创建触发器 tri_UpdateTeacher，以保证在修改某课程的课程号时同时修改选课表中该课程的课程号（提示：用 AFTER|FOR 触发器）。

以下两题选做！

（3）定义触发器 tri_AddToTotal，当在选课表中插入元组的成绩大于等于 60 分时在该同学的总学分 Student.Total 上增加相应的学分值。

（4）定义触发器 tri_UpdateTotal，以保证修改成绩时，被修改成绩的同学的总学分与实际获得学分一致：当成绩由 60 分以下更改为 60 分以上时，在该同学的总学分 Student.Total 上增加相应课程的学分值；若由 60 分以上更改为 60 分以下时，在该同学的总学分 Student.Total 上减去相应课程的学分值。

实验 11　数据库编程

11.1　知 识 链 接

在数据库应用系统中使用 SQL 编程来访问和管理数据库中数据的常用方法有：嵌入式 SQL（也称 ESQL）、PL/SQL、ODBC、JDBC 和 ADO 等。本实验将通过若干实例介绍这些编程技术的具体使用方式。

11.2　数据库编程方式

11.2.1　嵌入式 SQL

【实验目的】

通过对嵌入式 SQL 操作环境的配置、预编译、编译、连接及执行，熟悉通过嵌入式 SQL 编程访问数据库的方法（其中主语言为 C 语言），掌握 SQL Server 2000 的预编译程序 NSQLPREP.EXE 的使用。

【实验内容】

编写嵌入式 C 程序，实现对 JX 数据库的访问和操作：查询 student 表中指定系别的学生，并对其年龄进行更新。系统每输出一个学生记录，询问是否更新，若需要就输入新的年龄。

【实验步骤】

1．基本环境配置

（1）关闭 SQL Server 2000 服务管理器。

（2）初始化预编译系统。

①初始化 VC++ 6.0 编译器环境，在命令行方式运行文件 vcvars32.bat，本实验中该文件所在路径为 C:\Program Files\Microsoft Visual Studio\VC98\ Bin，步骤如图 11-1、图 11-2 所示。

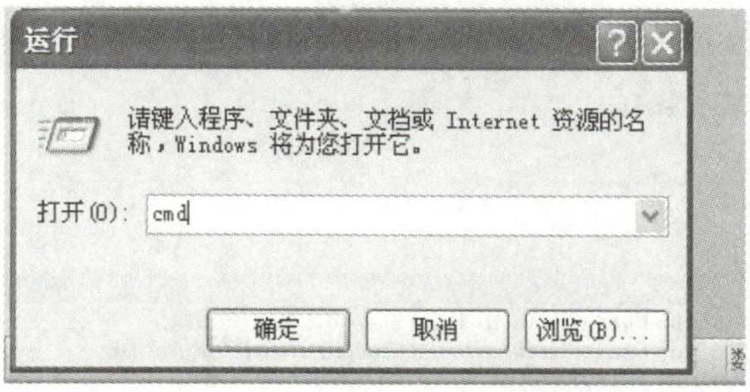

图 11-1　进入命令行方式

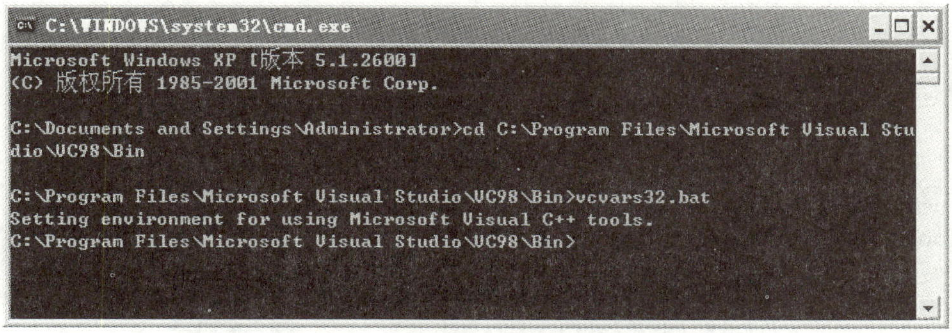

图 11-2　初始化 VC 的编译器环境

②初始化 SQL Server 的编译器环境，首先在命令行方式执行文件 unzip_esqlc.exe，本实验中该文件的所在路径为：C:\Program Files\Microsoft SQL Server\80\Tools\DevTools\samples\esqlc。然后在命令行方式执行文件 setenv.bat，如图 11-3 所示。

图 11-3　初始化 SQL Server 的编译器环境

（3）启动 SQL Server 2000 服务管理器。

2．配置 VC++6.0 编辑器

（1）工具→选项→目录→Include files，添加：C:\Program Files\Microsoft SQL Server\80\Tools\DevTools\Include，并设为第一项，如图 11-4 所示。

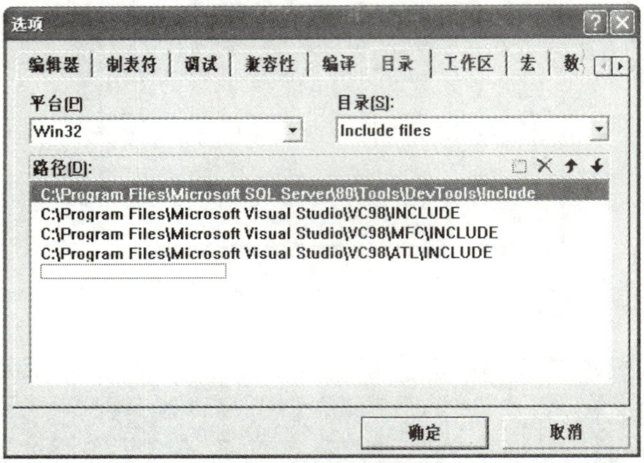

图 11-4　设置 include 文件

（2）选择 Library files，添加：C:\Program Files\Microsoft SQL Server\80\Tools\DevTools\Lib，并设为第一项，如图 11-5 所示。

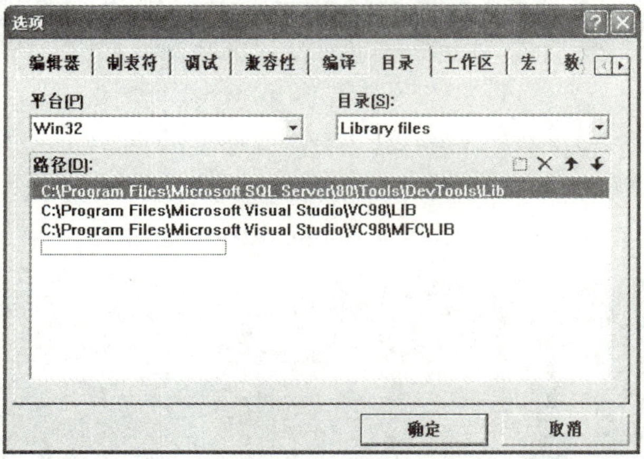

图 11-5　设置 Library 文件

3．编写 ESQL 程序

注意扩展名为.sqc，保存到 C:\Program Files\Microsoft SQL Server\MSSQL\Binn 目录下。本实验的文件名为 esqlctest.sqc，具体程序代码如下（以下操作将使用 JX 数据库中的 student 表）：

```
# include <stdio.h>
# include <stdlib.h>
EXEC SQL BEGIN DECLARE SECTION;
char deptname[10];
char HSno[8];
char HSname[10];
char HSsex[4];
```

```
int HSage;
int NEWAGE;
EXEC SQL END DECLARE SECTION;
long SQLCODE;
EXEC SQL INCLUDE sqlca;
int main(void)
{     int count=0;
      char yn;
      printf("输入要查询的学生系别名:");
      scanf("%s", deptname);
      EXEC SQL CONNECT TO localhost.JX USER sa.111;
/*localhost 为数据库服务器名，sa 是数据库登录名，111 为数据库登录密码*/
      EXEC SQL DECLARE SX CURSOR FOR
            SELECT sno,sname,ssex,sage
            FROM student
            WHERE SDEPT=:deptname;
      EXEC SQL OPEN SX;
      for( ; ; )
      {     EXEC SQL FETCH SX INTO :HSno,:HSname,:HSsex,:HSage;
            if(sqlca->sqlcode!=0) break;
            if(count++= =0)
              printf("\n%-10s%-10s%-10s%-10s \n","Sno","Sname","Ssex","Sage");
            printf("%-10s%-10s%-10s%-10d \n",HSno,HSname,HSsex,HSage);
            printf("\n 是否修改年龄(y/n)?");
            do{ scanf("%c",&yn);
            }while(yn!='y'&&yn!='Y'&&yn!='n'&&yn!='N');
            if(yn= ='y'||yn= ='Y')
            {     printf("input new age:");
                  scanf("%d",&NEWAGE);
                  EXEC SQL UPDATE student
                        SET Sage=:NEWAGE
                        WHERE CURRENT OF SX;
            }
      }
      EXEC SQL CLOSE SX;
      EXEC SQL COMMIT WORK;
      EXEC SQL DISCONNECT JX;
}
```

4．进行预编译

（1）命令行方式进入 Binn 文件下：cd C:\Program Files\Microsoft SQL Server\MSSQL\Binn。

（2）调用预编译程序 nsqlprep.exe 程序：nsqlprep esqlctest.sqc，预编译成功完成的结果如图 11-6 所示，并在同一目录下生成 C 源文件（esqlctest.c）：

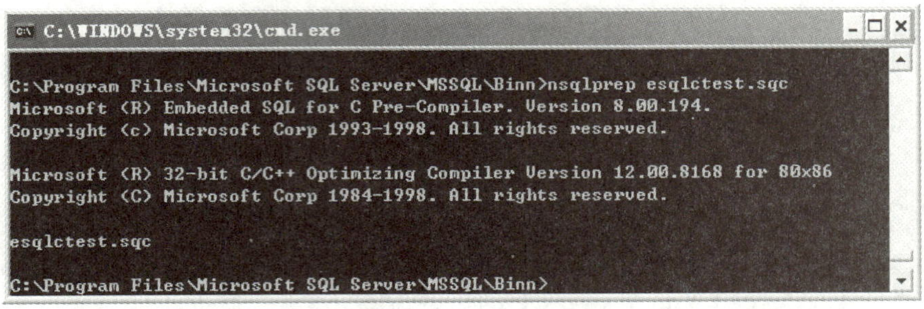

图 11-6 预编译

5．进行编译、连接、执行

（1）在 VC++环境中进行编译。

①首先在 VC++ 6.0 中新建 Win32 Console Application 工程文件。

②再添加库文件：工程→设置→连接→对象/库模块，输入两个文件名：SQLakw32.lib、Caw32.lib。注意两个文件名之间用空格分开，如图 11-7 所示。

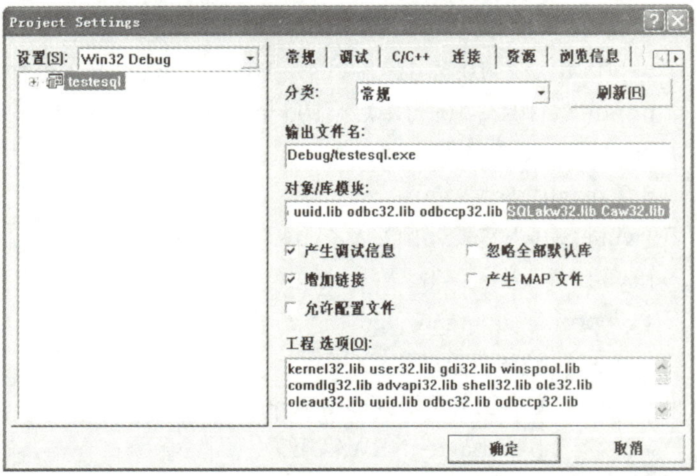

图 11-7 添加库文件

③将动态链接库 SQLakw32.dll、sqlaiw32.dll 文件拷贝到操作系统目录下的子目录 C:\WINDOWS\system32 中。

④将上面的文件 esqlctest.c 添加到工程中，进行编译。

（2）编译无误后进行连接、执行，结果如图 11-8 所示。

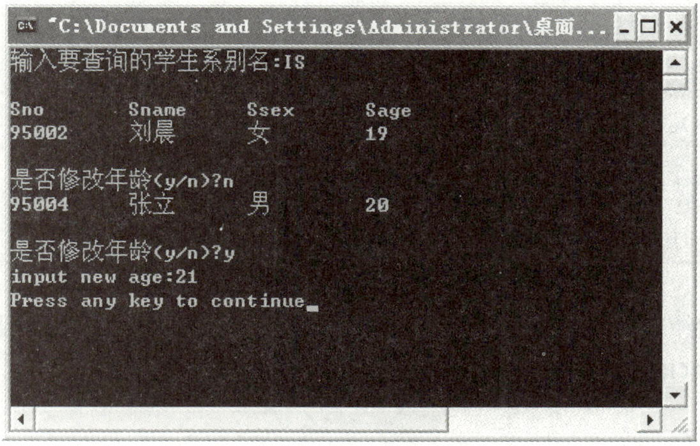

图 11-8　执行结果

【上机作业】

编写嵌入式C程序，利用ESQL实现在JX数据库中插入和删除记录，将操作结果显示在屏幕上。

11.2.2　PL/SQL

【实验目的】

熟悉在 SQL Server 中使用 PL/SQL 建立存储过程的方法。

【实验内容】

（1）创建存储过程；
（2）执行存储过程；
（3）删除存储过程。

【语法格式】

1．创建存储过程

```
CREATE   PROCEDURE   存储过程名
                  [@参数 1   数据类型 ,
                   ……,
                  @参数 n   数据类型 ]
     AS
          PL/SQL 语句
GO
```

2．执行存储过程

```
EXECUTE   存储过程名[参数];
```

或 EXEC 存储过程名[参数];

3．删除存储过程

DROP PROCEDURE 存储过程名

【应用举例】

【例 11-1】使用带有复杂 SELECT 语句的简单过程。

下面的存储过程从四个表的连接中返回所有选课同学的学号、姓名、所选课程名、教师姓名以及成绩。该存储过程不使用任何参数。

```
CREATE PROCEDURE info_all
AS
SELECT s.sno, sname, cname, tname, grade
    FROM student s    INNER JOIN sc x
        ON s.sno = x.sno INNER JOIN course c
        ON c.cno = x.cno INNER JOIN teacher t
        ON t.tno = x.tno
GO
```

在查询分析器中，输入“Exec info_all:”；执行该存储过程的结果如图 11-9 所示。

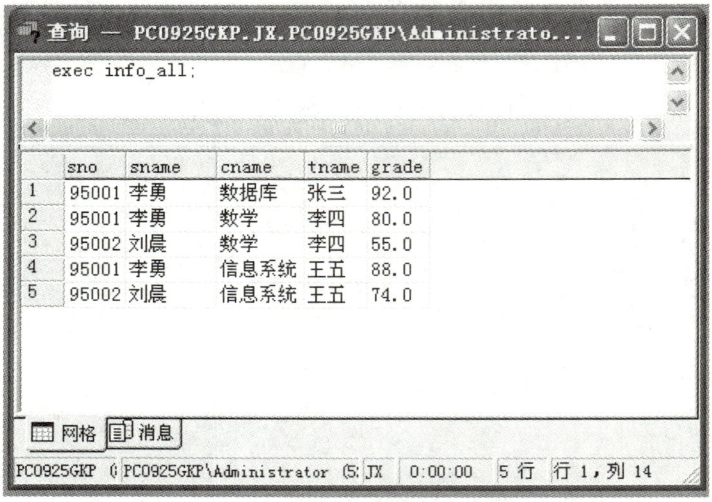

图 11-9 【例 11-1】的执行结果

【例 11-2】使用带有参数的简单过程。

下面的存储过程从三个表的连接中返回指定学生的学号、姓名、课程名以及成绩。该存储过程接受与传递参数精确匹配的值。

```
CREATE PROCEDURE stu_info
    @sn char(8)
AS
SELECT s.sno, sname, cname, grade
```

```
    FROM student s INNER JOIN sc x
        ON s.sno = x.sno INNER JOIN course c
        ON c.cno = x.cno
    WHERE   sname = @sn
GO
```

在查询分析器中，输入“Exec STU_INFO '李勇'”；执行该存储过程的结果如图 11-10 所示：

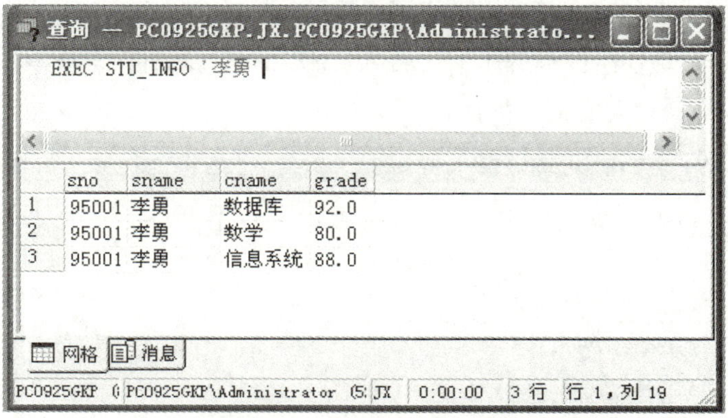

图 11-10 【例 11-2】的执行结果

【例 11-3】利用存储过程统计某课程的及格和不及格人数，统计结果存放在另一个表中。

（1）首先创建一个新表 RANK，用以存放统计信息。

```
CREATE TABLE RANK(
Cname char(20),
Division char(10),
Number int
);
```

（2）编写存储过程。

```
CREATE   PROCEDURE stu_mark @name char(20)
 AS
    DECLARE @less60   INT;
    DECLARE @more60   INT;
    DECLARE @curno char(4);
BEGIN
     SELECT @curno=CNO
     FROM Course
     WHERE cname= @name;
     SELECT @less60=COUNT(*)
     FROM SC
```

```
        WHERE Cno=@curno and grade<60;
        SELECT @more60=COUNT(*)
        FROM SC
        WHERE Cno=@curno and grade>=60;
    INSERT INTO RANK VALUES(@name,'不及格',@less60);
    INSERT INTO RANK VALUES(@name,'及格',@more60);
  END
  GO
```

（3）执行存储过程，在查询分析器中输入“EXEC stu_mark ‘数学’”；结果如图 11-11 所示。打开 RANK 表查看的情况如图 11-12 所示。

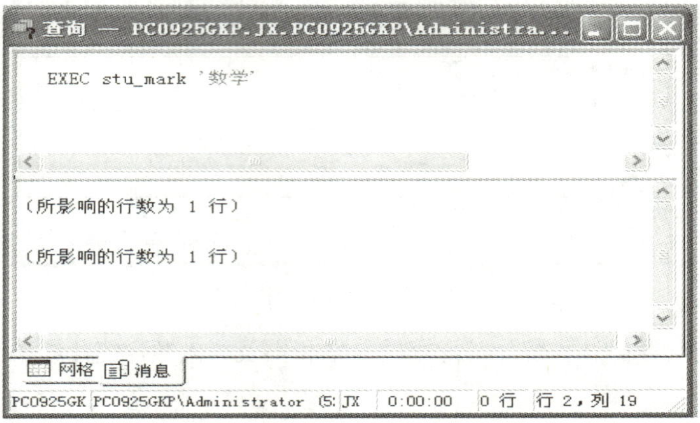

图 11-11　【例 11-3】的执行结果

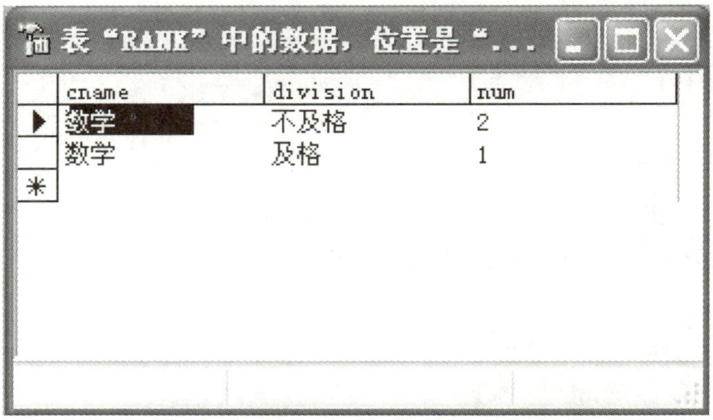

图 11-12　Rank 表中的内容

【**例 11-4**】删除存储过程。

存储过程一旦建立就保存在数据库中，以便用户随时、反复调用。如果不再需要，可以将其删除。

在查询分析器中输入 DROP procedure info_all，即可删除【例 11-1】建立的存储过程；也可以在企业管理器中直接右键选中该存储过程删除。

【上机作业】

编写存储过程，实现：

（1）统计某门课程的平均成绩；

（2）将表 SC 中学生的成绩改为等级制，（即 A、B、C、D、E）。

11.2.3　ODBC 编程

【实验目的】

学会配置 ODBC 数据源，熟悉使用 ODBC 来进行数据库应用程序的设计。

【实验内容】

配置ODBC数据源，并在Delphi 7中使用ODBC访问数据库。

【应用举例】

1．设置 ODBC 数据源

（1）控制面板→管理工具→数据源（ODBC），如图 11-13 所示。

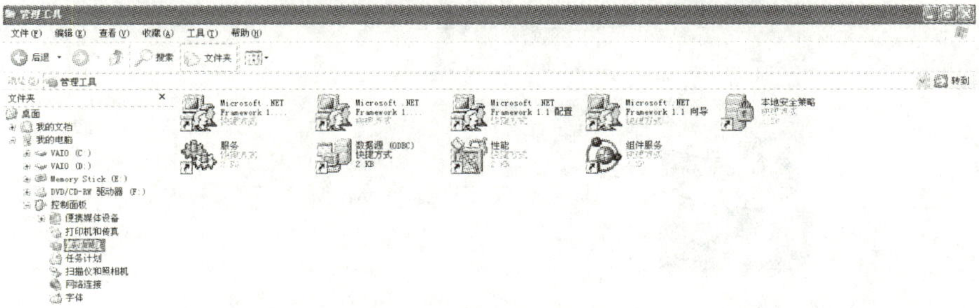

图 11-13　设置数据源

（2）打开 ODBC 数据源管理器，单击“添加”按钮，添加新的数据源，如图 11-14 所示。

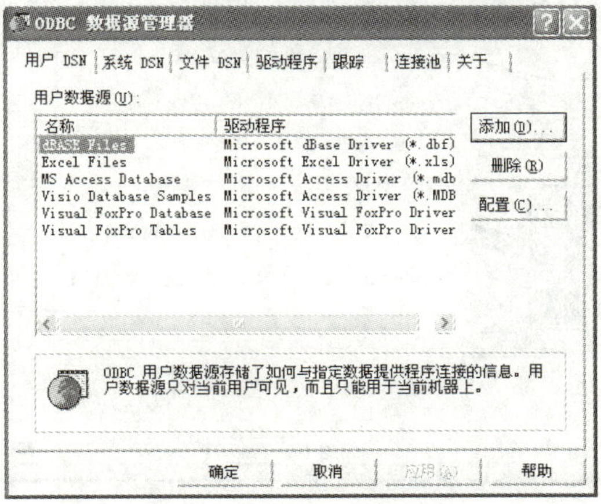

图 11-14　数据源管理器

（3）在弹出的创建数据源对话框中选择 SQL Server，如图 11-15 所示。

图 11-15　创建新数据源

（4）在弹出的创建到 SQL Server 的数据源对话框中，输入数据源名、服务器名，如图 11-16~图 11-19 所示。

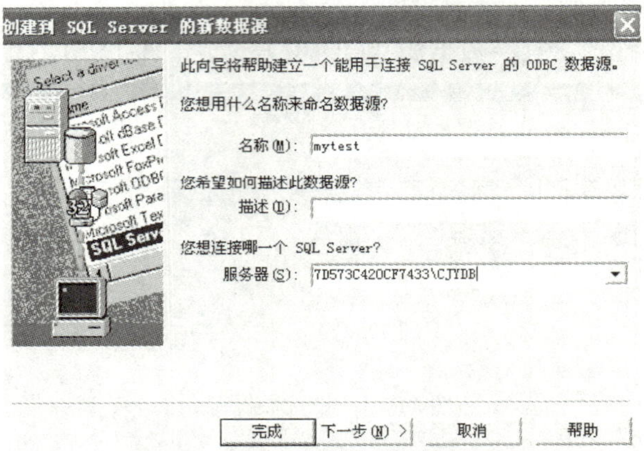

图 11-16　数据源配置 1

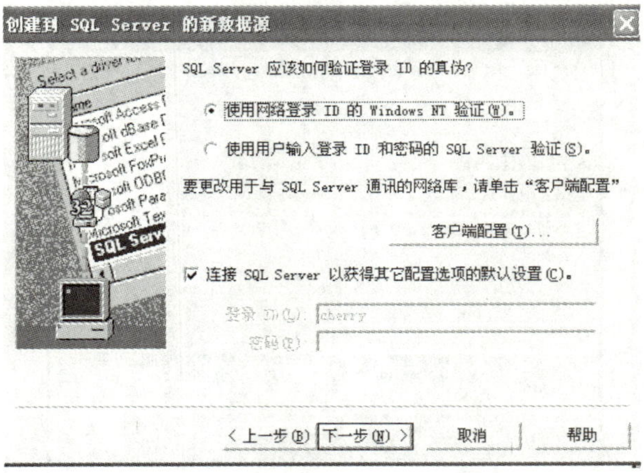

图 11-17　数据源配置 2

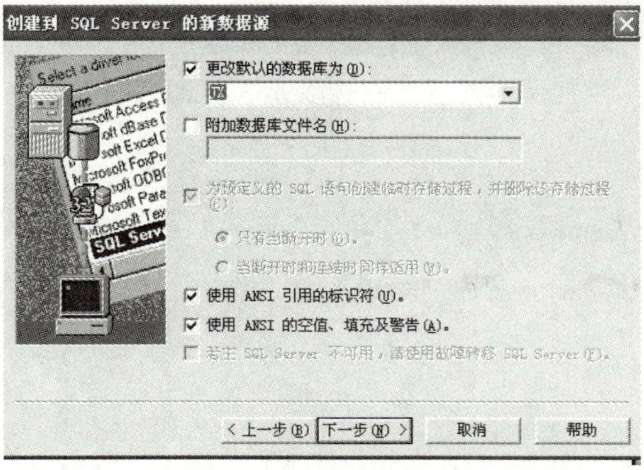

图 11-18　数据源配置 3

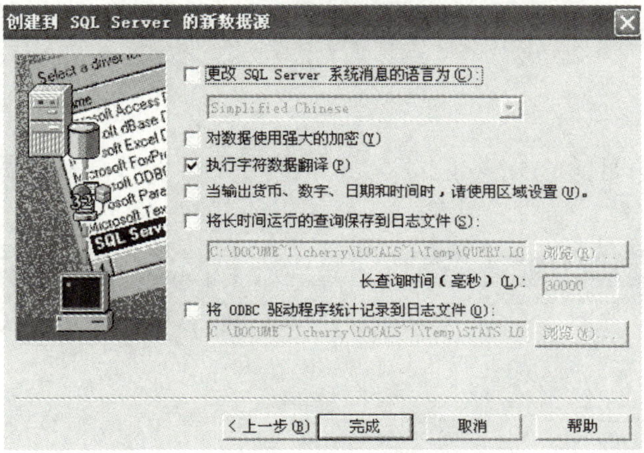

图 11-19　数据源配置 4

（5）测试连接如图 11-20 所示，连接成功如图 11-21 所示。

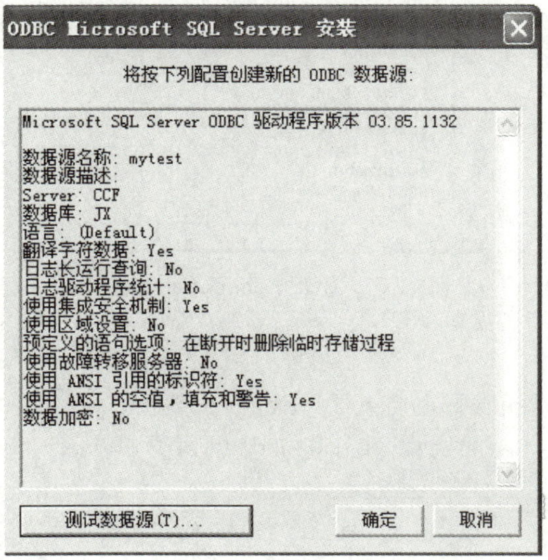

图 11-20　测试连接

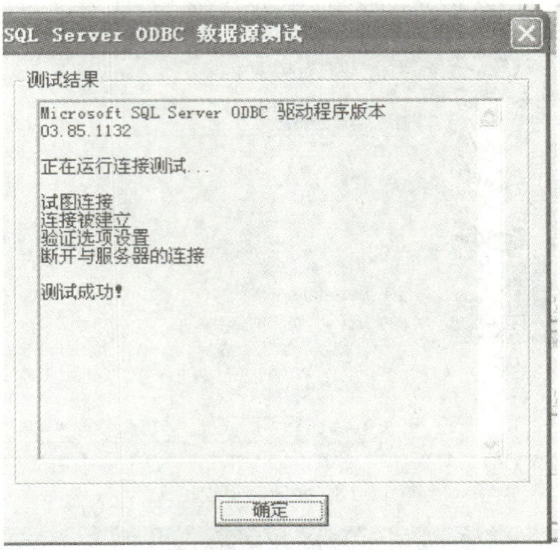

图 11-21　连接成功

2．设置数据引擎

可以在 Delphi 自带的 BDE Administrator 中设置上一步的 ODBC 数据源，若要修改参数值，右击数据库名称，修改后保存即可，如图 11-22 所示。

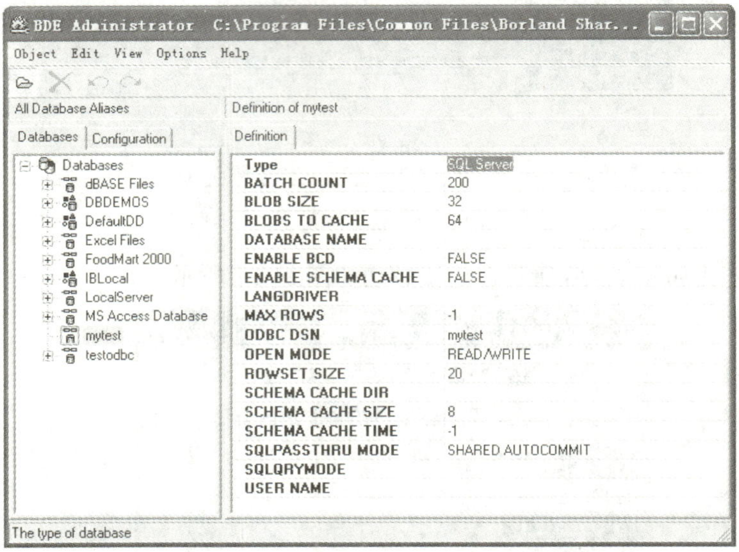

图 11-22　BDE Administrator

3．建立连接

在 Delphi 的窗体中添加以下主要组件：Database、Query、Datasource 和 DBGrid。其中 Database 是连接 SQL Server 数据库和 Query 的桥梁，Query 完成具体的查询要求，DBGrid 显示数据库的内容。

（1）设置 Database。

双击该组件，输入新建的数据库名。本实验中的名字是 mytest，可以为它输入一个新的名字，如 myodbc。如果不想在以后频繁地输入数据库的用户名和密码，要确定 login prompt 不被选中，点击“Defaults”后可以对默认值做修改，如图 11-23 所示。Connected 属性设置为 true，连接 SQL Server。

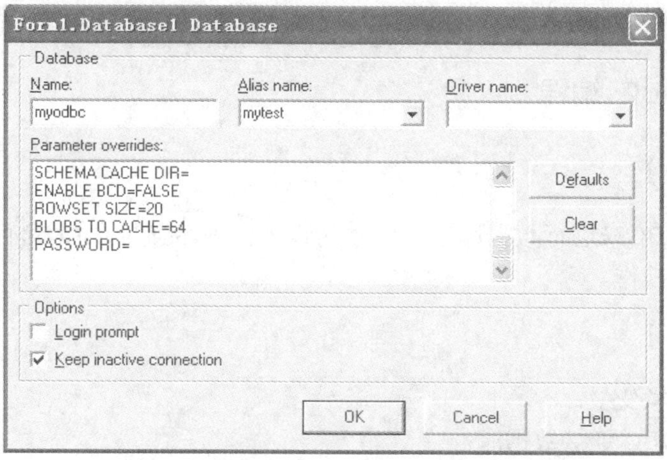

图 11-23　设置 Database 组件

（2）设置 Dbgrid。

设置相关属性：Dbgrid 的 DataSource 属性设置为 DataSource1，DataSource1 的 DataSet 属性设置为 Query1。

（3）设置 Query。

在 Query1 的 DatabaseName 属性中，通过下拉列表选择 myodbc；在 SQL 属性中输入“SELECT * FROM STUDENT”查询语句；active 的属性置为 true，即可看到 Dbgrid 中已经显示了 student 数据表的内容，如图 11-24 所示。

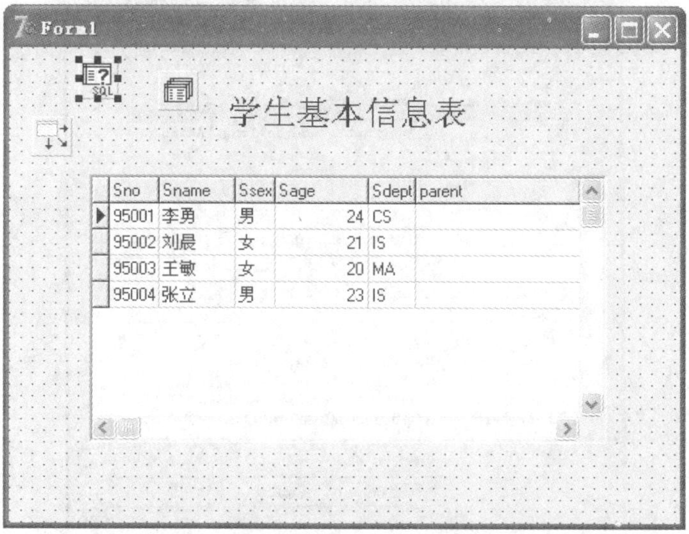

图 11-24　在 Form 中显示数据库

【上机作业】

（1）为不同类型的数据库（如Access、Oracle、VF甚至Excel）建立ODBC数据源，并测试是否成功；

（2）在VC、VB或其他集成环境中通过ODBC连接数据库。

11.2.4 JDBC 编程

【实验目的】

熟悉使用JDBC来进行数据库应用程序的设计，熟悉通过JDBC接口编程访问数据库并对数据库进行操作。

【实验内容】

（1）配置环境变量；

（2）通过 JDBC 连接数据库；

（3）查询数据库的记录；

（4）插入、更新、删除记录。

【实验步骤】

1. 配置环境变量

（1）右键单击“我的电脑”→“属性”，选择“高级”选项，单击“环境变量”，弹出名为环境变量的对话框，如图 11-25 所示。

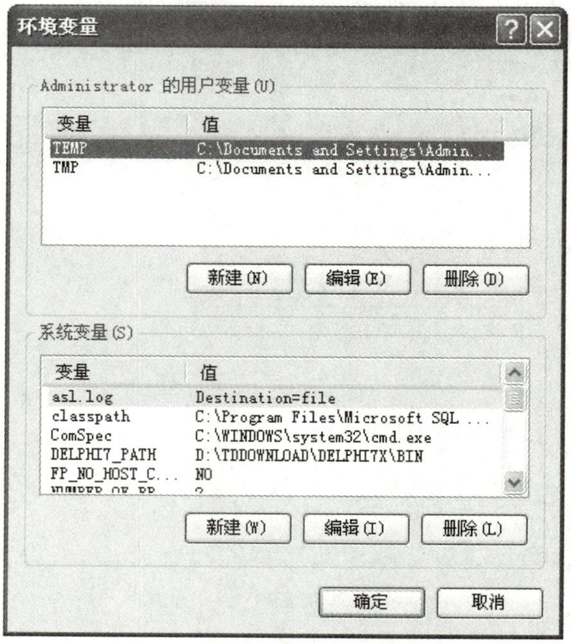

图 11-25　配置环境变量

（2）选择系统变量中的 classpath，单击“编辑”，在变量值中加入 SQL Server JDBC 和 J2SDK 的相关路径。本实验中，SQL Server JDBC Driver 的包所在路径为 C:\Program Files\Microsoft SQL Server\80\Tools\DevTools\Lib; JDK 的安装路径为 C:\Program Files\Java\jdk1.7，因此还需要在变量值中加入 JDK 的库 C:\Program Files\Java\jdk1.7\lib，如图 11-26 所示。

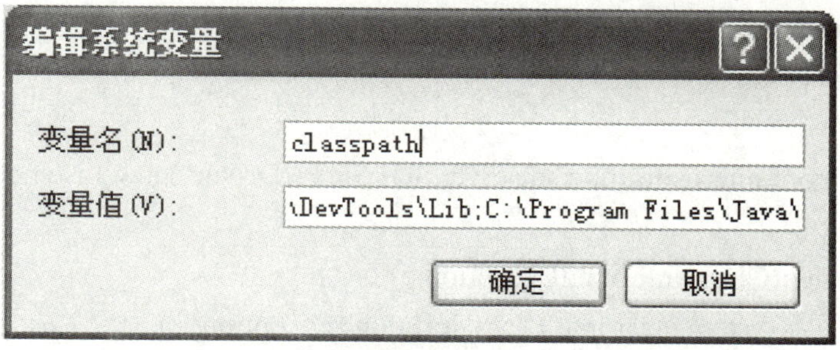

图 11-26　设置 classpath

（3）选择系统变量中的 Path，单击“编辑”，如图 11-27 所示，在变量值中加入 JDK 的 C:\Program Files\Java\jdk1.7\bin 和 SQL Server 的 C:\Program Files\Microsoft SQL Server\80\Tools\BINN。

图 11-27　设置 Path

（4）单击面板上的“确定”，完成环境配置。

2．编写应用程序对数据库进行访问

以下程序用Java语言编写，通过JDBC访问SQL Server数据库。文件存放在D盘，名为JdbcTest.java。实现的具体功能是：对JX数据库中的student表进行访问，查询出需要的数据并显示。程序代码如下：

```
import java.sql.*;
import java.io.*;
import java.net.*;
import java.util.*;
public class JdbcTest{
    public static void main(String args[ ])throws SQLException{
        try{
        Connection con=null;
```

```
Statement stmt;      --创建 SQL 语句执行对象
String url="jdbc:microsoft:sqlserver://localhost:1433;DatabaseName=JX";
--localhost 为数据库服务器名，端口号 1433，待访问的数据库名为 JX
String sql;
String strNum,strName,strSex;
int sage;
try{
Class.forName("com.microsoft.jdbc.sqlserver.SQLServerDriver").newInstance();
}
catch(ClassNotFoundException e)          {
    System.err.print("ClassNotFoundException: ");
    System.out.println(e.toString());
}
--连接数据库 JX，登录用户名 sa、数据库登录密码 111
con= DriverManager.getConnection(url,"sa","111");
stmt=con.createStatement();  --得到 Statement 对象
sql="select * from student";
ResultSet rs=stmt.executeQuery (sql);  --通过 SQL 查询得到结果集
System.out.println ("学号      姓名         性别       年龄" );
System.out.println ("====================================" );
--从结果集中获取学生信息并输出，可选择需要的信息输出
while( rs.next( ) )
{    strNum=rs.getString(1);
     strName=rs.getString("Sname");
     strSex=rs.getString(3);
     sage=rs.getInt("Sage");
     System.out.println  (strNum+"       "  +strName+"       "  +strSex+"           "
+sage);
}
System.out.println(" ");
rs.close( );      --关闭结果集
stmt.close( );  --关闭 Statement 对象
con.close( );   --关闭连接
}
catch(Exception e){        --异常处理
     System.err.println("Message: " + e.getMessage());
}
```

```
    }
}
```

3．编译及运行

（1）进入命令行编辑方式：“开始”→“运行”，输入 cmd 命令。转到文件所在的 D 盘。

（2）编译：命令行方式输入 Javac JdbcTest.java，如果编译成功会生成一个 JdbcTesc.class 文件。

（3）运行：命令行方式输入 Java JdbcTest，如果执行成功会显示表中的记录，如图 11-28 所示。

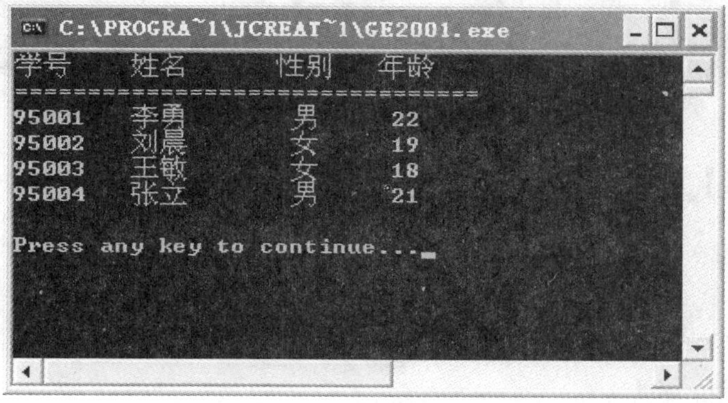

图 11-28　正确执行结果

4．问题及解决方案

✧ 第一次运行时，显示如图11-29所示的错误（ClassNotFoundException）。解决方案：把msutil、mssqlserver、msbase三个jar文件（即SQL Server JDBC驱动包）放到C:\Program Files\Java\ jre7\lib\ext 文件夹下面即可。

图 11-29　错误结果 1

✧ 按照上面的方法操作后，第二次运行仍有错误，显示的错误信息有所改变（SQLException），如图11-30所示。错误原因：数据库服务器1433端口没有连接。

图 11-30　错误结果 2

✧ 解决方案：安装SQL Server sp4补丁，经测试端口1433已连接，如图11-31所示。程序运行无误，执行结果如前面的图11-28所示。

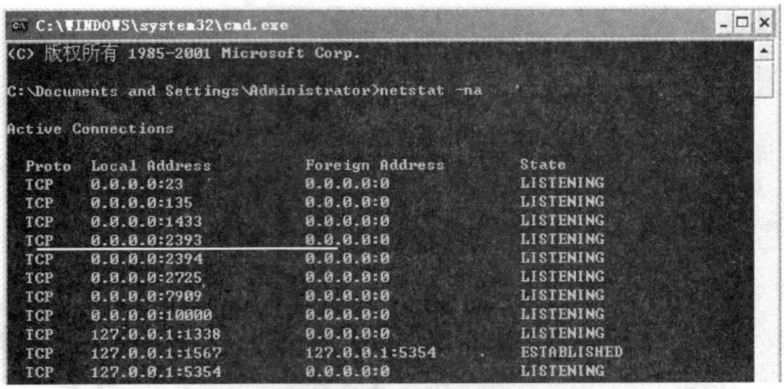

图 11-31　正确执行结果

【应用举例】

【例 11-5】插入记录。

要在数据库中插入新的学生记录，程序主要语句如下：

sql="insert into student values('97046','周舟','女',19,'CS')";

stmt.executeUpdate(sql);

结果如图 11-32 所示。

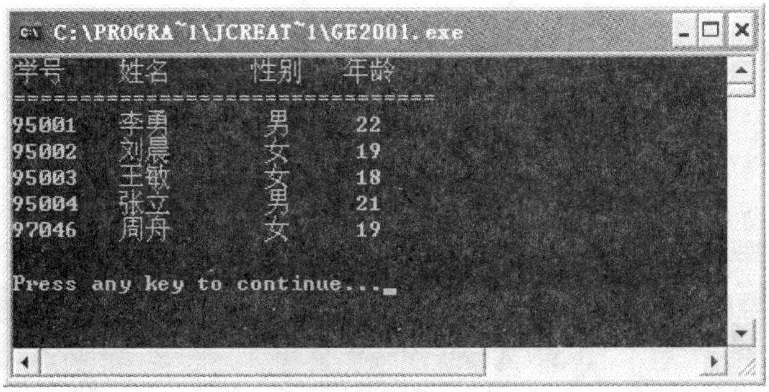

图 11-32　【例 11-5】的执行结果

注意：插入的数据个数及类型必须和 student 表中的属性个数、类型一致，否则应在语句中指定要插入数据的属性名。

【例 11-6】修改数据。

要将每个学生的年龄加 1，利用 UPDATE 语句即可，程序主要语句如下：

sql="update student set Sage=Sage+1";

number=stmt.executeUpdate(sql);　--number 用来存储修改的记录个数

System.out.println(number);

图 11-33 中的数字 5 表示有 5 条记录被修改。

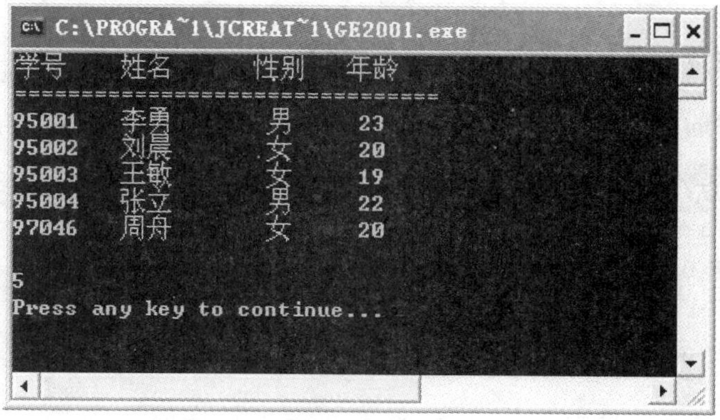

图 11-33　【例 11-6】的执行结果

【例 11-7】删除数据。

有学生退学时，需要删除这个学生的记录。程序的操作与修改数据类似，只是 sql 语句变为 Delete 语句即可，其他相同。例如删除姓名为“周舟”的学生的记录，使用语句：

sql="Delete student where Sname='周舟' ";

【上机作业】

编写Java程序，利用JDBC在JX数据库中创建新表，并插入若干记录，将最终结果显示在屏幕上。

11.2.5　ADO 编程

【实验目的】

熟悉使用 ADO 来进行数据库应用程序的设计。

【实验内容】

在Delphi 7中使用ADO访问数据库。

【应用举例】

以下操作利用 Delphi 中的 ADO 相关组件来访问数据库中的表。

1．建立连接

在Delphi的窗体中添加以下主要组件：ADOTable、Datasource和DBGrid。其中ADOTable是描绘从ADO数据库获得的一个表，Datasource用于连接数据集和DBGrid组件，DBGrid显示数据表的内容。

设置如下：

DBGrid1.DataSource = DataSource1；

DataSource1.DataSet = ADOTable1。

2. 获取数据

为了从数据库中获取数据，必须指定数据库的物理存储位置和访问方式。方法是点击ADOTable组件的属性ConnectionString的省略号按钮，出现如图11-34所示的对话框。

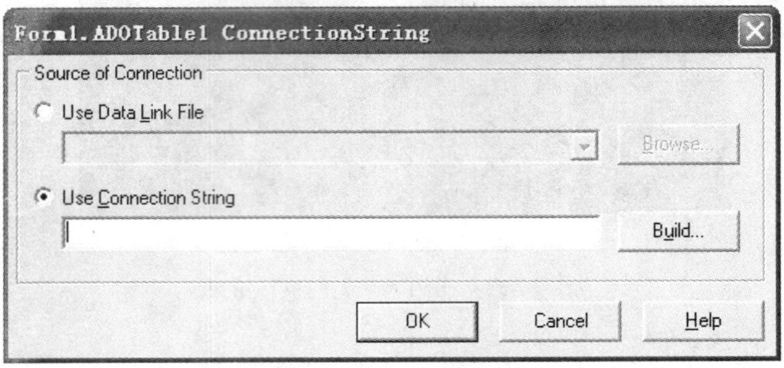

图 11-34 设置 ADOTable 组件的 ConnectionString 属性

单击Build按钮，在“提供程序”页选Microsoft OLE DB Provider for SQL Server，如图11-35所示。

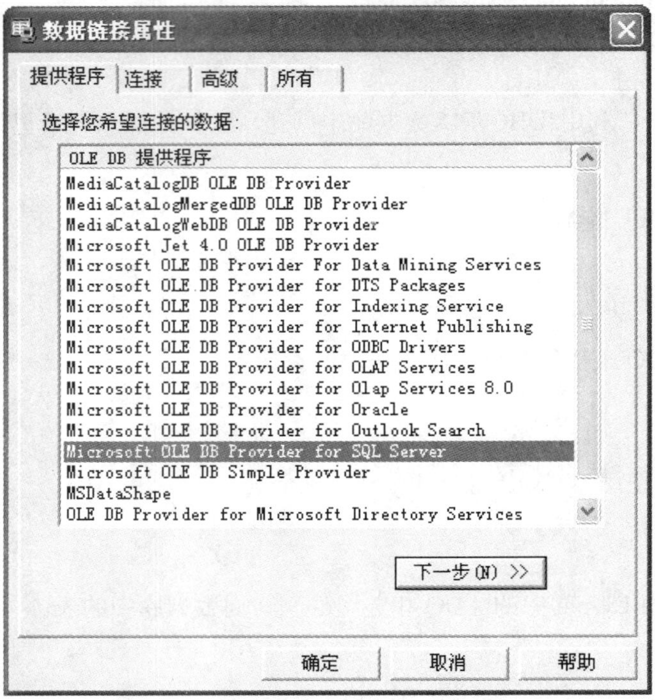

图 11-35 选择要连接的数据库类型

点下一步，进入“连接”页，输入服务器名、登录信息、选择数据库，如图11-36所示。

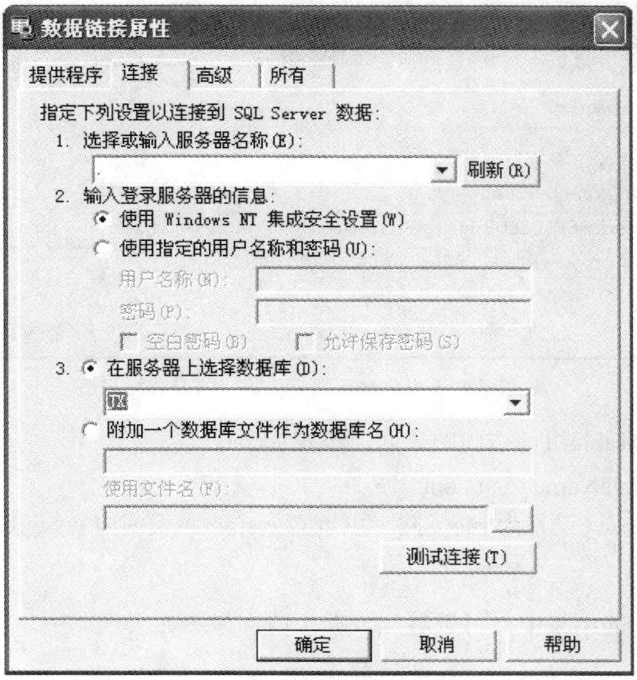

图 11-36　连接设置

点“测试连接”，显示连接成功，如图11-37所示。

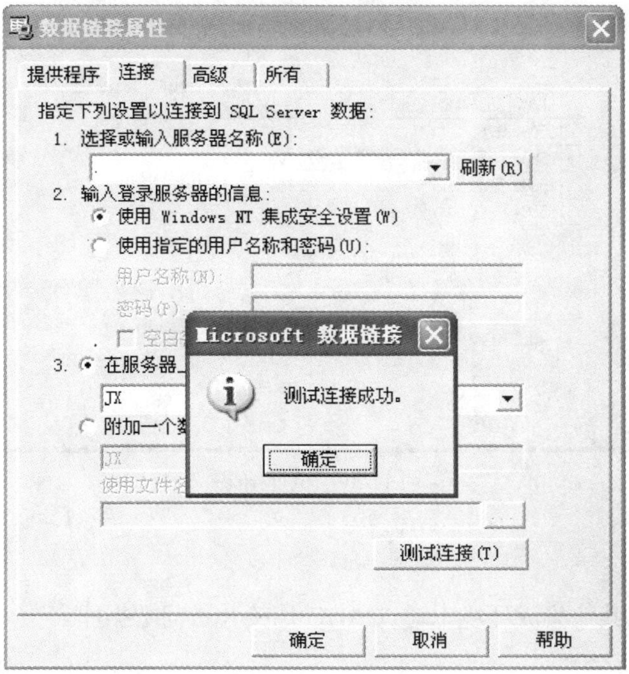

图 11-37　连接成功

点击“确定”，连接字符串已被存储在ADOTable组件的ConnectionString属性中，如图11-38所示。

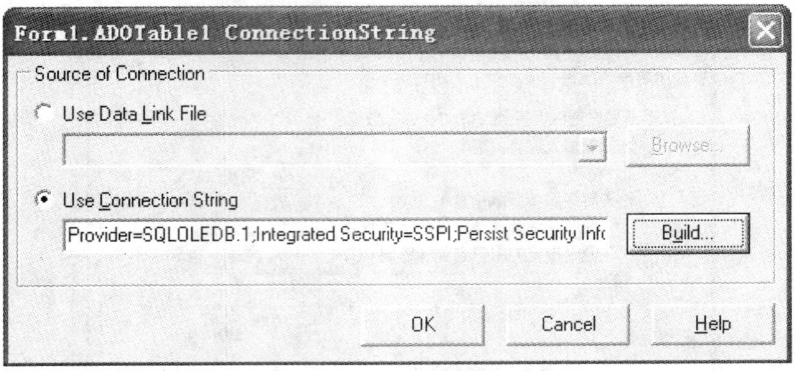

图 11-38　ConnectionString 属性的设置结果

设置通过ADOTable组件访问的表名，设置如下：

ADOTable1.TableName = student

ADOTable的Active设置为true，此时可以看到student表的内容显示在了DBGrid中。

3．查看结果

在图11-39所示的结果中，可以看到数据表内容显示在了表单中。同时用户还可以修改表中的数据。

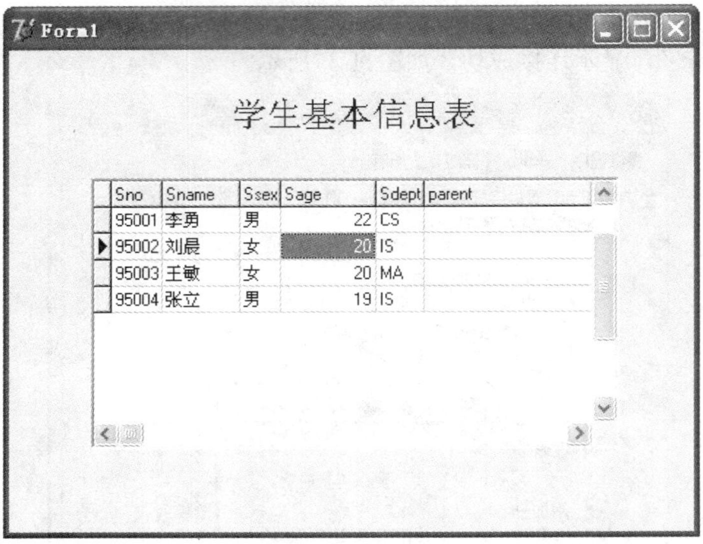

图 11-39　执行结果

【上机作业】

在 VC、VB 或其他集成环境中通过 ADO 连接并访问数据库。

实验 12　数据库设计

12.1　概　　述

12.1.1　实验目的

通过对一个完整的数据库管理系统实例的分析，全面掌握数据库应用系统设计的基本步骤，以及各阶段的主要工作。

12.1.2　实验背景

本数据库管理系统为学生网上选课管理系统，采用 Visual Studio 2008 和 SQL Server 2000 设计。它可以为用户提供充足的学生信息以及快捷的查询方式。每个操作环节分工明确，并通过后台数据库支持，有效减小了人为因素造成的差错，从而为学生和教师提供高效、便捷、准确的服务。

12.2　需 求 分 析

需求分析就是分析用户的要求。需求分析是设计数据库的起点，需求分析的结果是否准确地反映了用户的实际要求，将直接影响到后面各个阶段的设计，并影响到设计结果是否合理和实用。

12.2.1　用户需求说明

1．数据需求

学生信息：（学号，姓名，密码，性别，出生日期，系别，家长，总学分）
课程信息：（课程号，课程名，先行课，学分）
教师信息：（教工号，姓名，密码，性别，电话，系名，家庭住址，职称，工资）
选课信息：（学号，课程号，教工号，成绩）

2．事务需求

教师：可以查询总信息（包括学生、课程和选课信息），单独查询各个信息，对学生信息、课程信息进行插入、修改和删除，查询成绩统计、成绩排名，可以修改密码。

学生：可以查询总信息（包括学生、课程和选课信息），查询自己的考试成绩、课程相关信息，可以修改密码，还可以自行选修喜欢的课程。

3．**用户类型**

本系统的用户共有两类：教师、学生。

12.2.2　系统结构

系统结构图如图 12-1 所示。

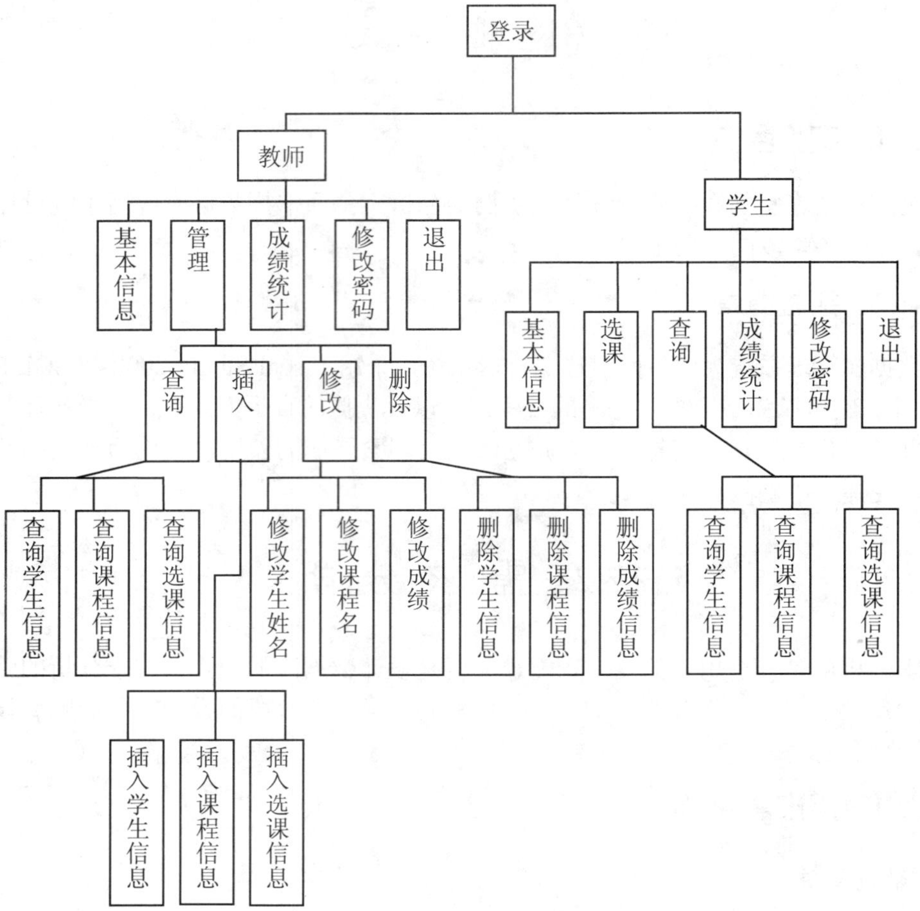

图 12-1　系统结构图

12.2.3　系统功能

系统基本功能如图 12-2 所示。

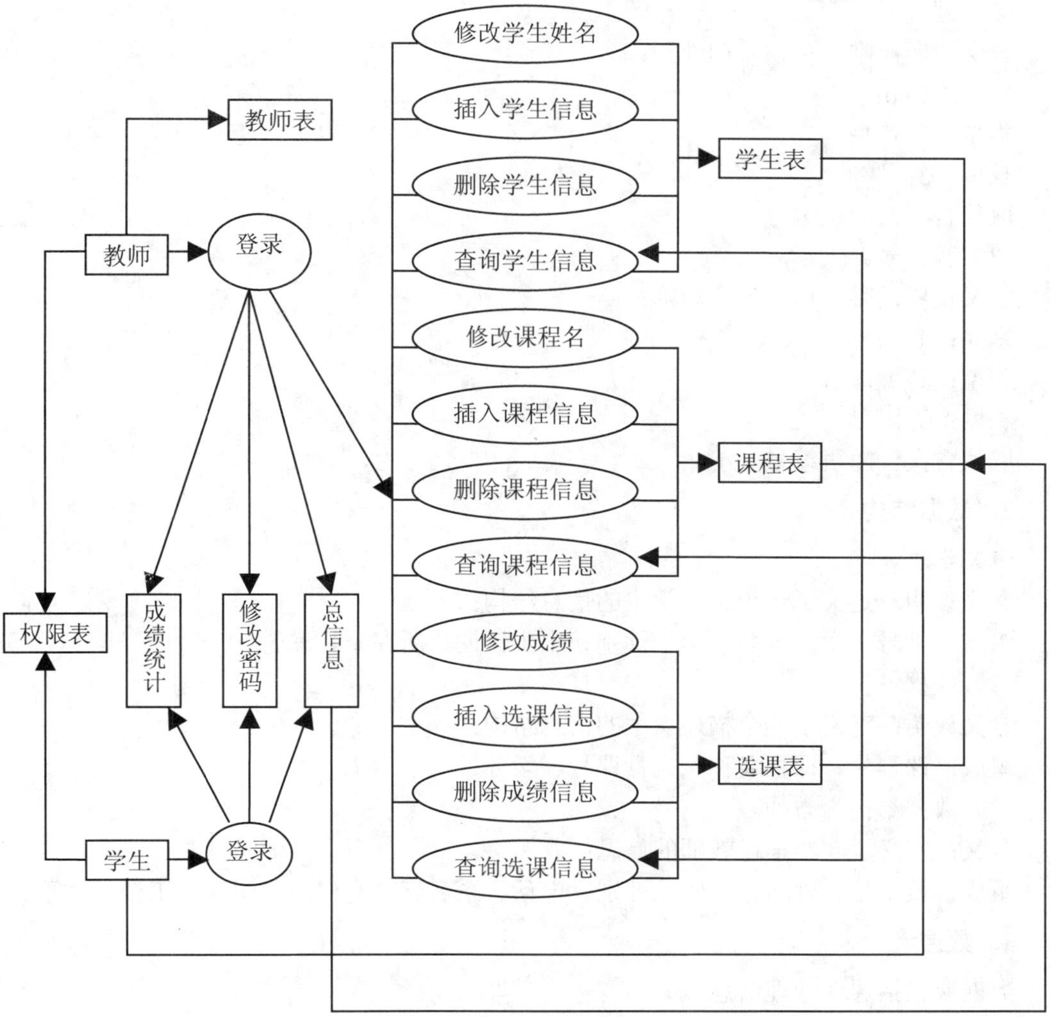

图 12-2　系统功能图

12.2.4　数据字典

1．数据项

（1）学号。

含义说明：唯一标识一个学生；

别名：Sno；

类型：字符型；

长度：5；

取值含义：前两位表示入学年份的后两位，第 3 位表示专业代号，最后两位表示报到序号。

（2）课程号。
含义说明：唯一标识一门课程；
别名：Cno；
类型：字符型；
长度：3；
取值含义：随机编号。
（3）教工号。
含义说明：唯一标识一个教师；
别名：Tno；
类型：整型；
长度：无限制；
取值含义：随机编号。

2．数据结构

（1）学生。
含义说明：定义了一个描述学生的信息结构；
组成：学号、学生姓名、学生性别、出生日期、所在系、家长。
（2）课程。
含义说明：定义了一个描述课程的信息结构；
组成：课程号、课程名称、先行课号、学分。
（3）数据结构：教师。
含义：定义了一个描述教师的信息；
组成：教工号、姓名、密码、性别、电话、系名、家庭住址、职称、工资、体重。

3．数据流

数据流包括选课管理信息。
说明：表示学生与课程和教师以及成绩的关系；
数据流来源：学生表、课程表、教师表；
数据流去向：选课表；
组成：学号、课程号、教工号、成绩。

4．数据存储

数据存储包括学生表、课程表、教师表。
说明：记录学生、成绩、课程的情况；
流入数据流：学生信息、课程信息、教师信息；
流出数据流：选课管理信息；
组成：学号、课程号、教工号、成绩；
存取方式：随即存取。

5．处理过程

处理过程包括添加、修改、删除、查询学生信息、课程信息、选课成绩信息、学生选课。

说明：完成学生、课程、成绩的各种操作；

输入：学生、课程、选课信息；

输出：学生学籍信息，课程信息，选课信息的添加、删除、修改、查询结果；

处理：如果有新生、新课程，就要对学生和课程的各种信息进行添加；如果有毕业生离校、课程的删除，就要对学生和课程的各种信息进行删除；如果某个学生、课程的信息需要修改，则对其相应的信息进行修改；如果要知道学生和课程的所有信息，就可以通过查询来得知。

12.3　数据库概念结构设计

将需求分析得到的用户需求抽象为信息结构（即概念模型）的过程就是概念结构设计。它是整个数据库设计的关键。概念结构是各种数据模型的共同基础，它比数据模型更独立于机器、更抽象，从而更加稳定。描述概念模型的有力工具是 E-R 模型。

12.3.1　局部 E-R 图

学生实体及属性如图 12-3 所示。

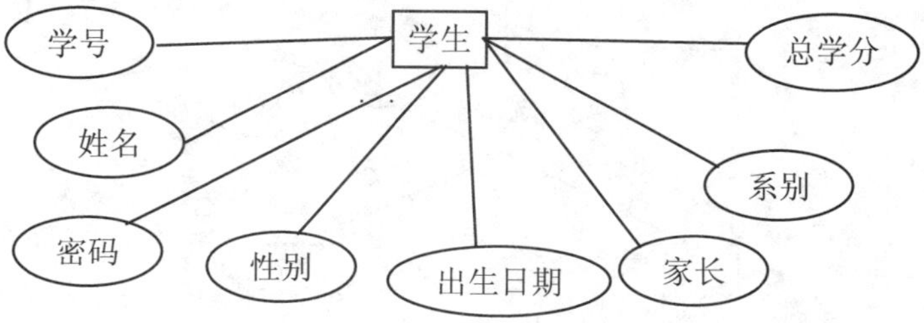

图 12-3　学生实体及属性图

课程实体及属性如图 12-4 所示。

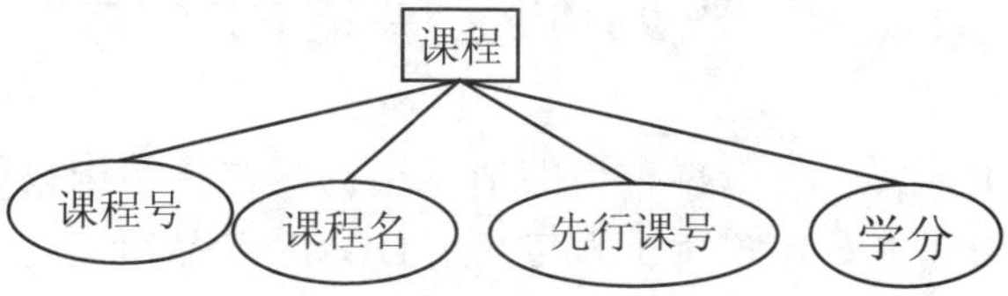

图 12-4　课程实体及属性图

教师实体及属性如图 12-5 所示。

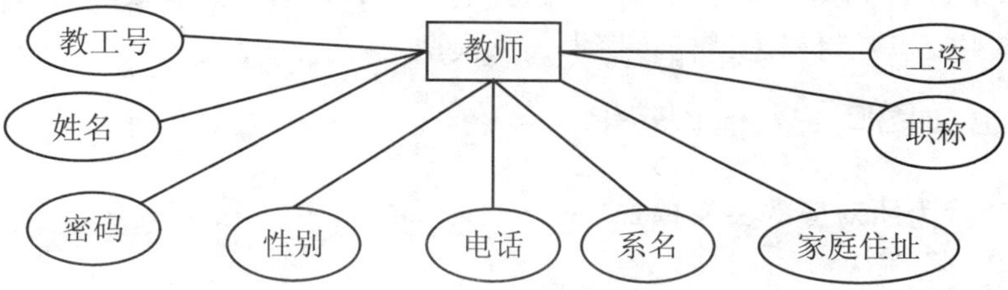

图 12-5　教师实体及属性图

12.3.2 全局 E-R 图

全局实体属性如图 12-6 所示，其中各实体的属性略去。

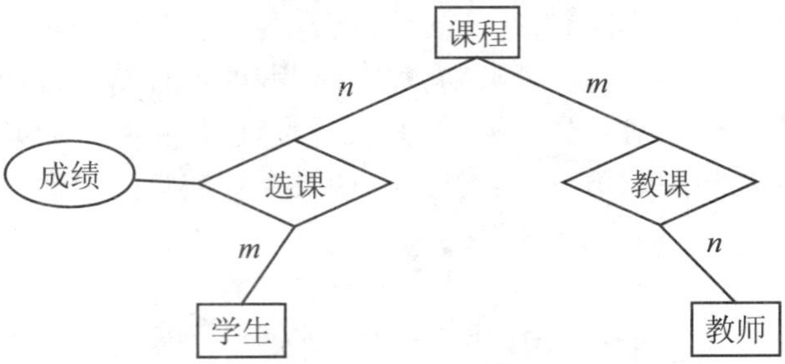

图 12-6 全局实体联系图

12.3.3 概念模型优化

在合并分 E-R 图时，应消除存在的各类冲突（属性冲突，命名冲突和结构冲突）和不必要的冗余（冗余数据，冗余联系），优化后的 E-R 图如图 12-7 所示。

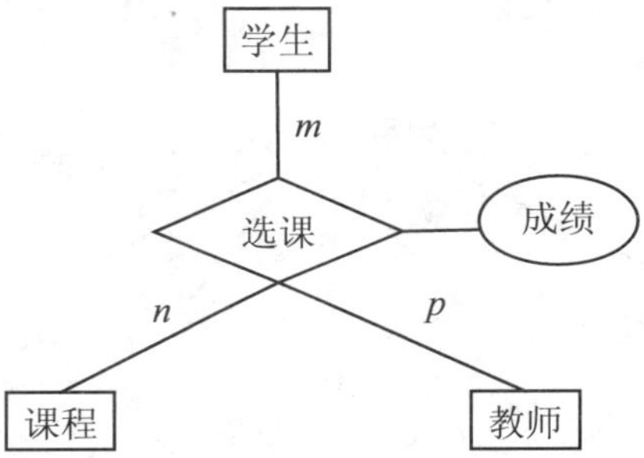

图 12-7 优化后的全局 E-R 图

12.4 数据库逻辑结构设计

概念结构是独立于任何一种数据模型的信息结构。逻辑结构设计的任务就是把概念结构设计阶段设计好的基本 E-R 图转换为与选用 DBMS 产品所支持的数据模型相符合的逻辑结构。从理论上讲，设计逻辑结构应该选择最适于相应概念结构的数据模型，然后对支持这种数据模型的各种 DBMS 进行比较，从中选出最合适的 DBMS。但实际情况往往是已给定了某种 DBMS，设计人员没有选择的余地。目前，大多数的 DBMS 产品支持关系模型，本实验也是将概念结构转换为关系模型。

12.4.1 E-R 图向关系模型转化

1. 实体转换为所对应的关系模式

（1）学生。

（学号，姓名，性别，密码，出生日期，系别，家长，总学分）

（2）课程。

（课程号，课程名，先行课号，学分）

（3）教师。

（教工号，姓名，密码，性别，电话，系别，家庭住址，职称，工资）

2．联系转换为所对应的关系模式

选课（学号，课程号，教工号，成绩）

12.4.2 关系模型优化

对于上述的学生、课程、教师关系模型，经分析发现存在如下的函数依赖：

学号→{姓名，性别，密码，出生日期，系别，家长}

课程号→{课程名，先行课号，学分}

教工号→{姓名，密码，性别，电话，系别，家庭住址，职称，工资，体重}

关系模型“学生”、“课程”、“教师”都不存在非主属性对码的部分函数和传递函数依赖，所以它们都属于3NF（第三范式）。

对于关系模型“选课”，码为{学号，课程号，教工号}，存在的函数依赖是：

{学号，课程号，教工号}→成绩，{学号，课程号}→成绩

也就是说存在非主属性对码的部分函数依赖，所以该关系模式是1NF（第一范式），它可能存在数据冗余、更新异常、删除异常和插入异常等问题。可以将该关系模式分解为：选课1（学号，教工号，成绩）和选课2（学号，课程号，成绩），但通常当学生查看自己所选课程时，也希望同时知道这门课程的授课教师，所以从实际情况来看，不分解更好。

12.4.3 数据表结构（如表12-1～表12-6所示）

表12-1 学生（Student）表

列名	数据类型	可否为空	说明
Sno	Char(5)	N	学号（主码）
Sname	Varchar(10)	Y	姓名
Spword	Char(5)	N	密码
Ssex	Char(2)	Y	性别
Sbirth	Smalldatetime	Y	出生日期
Sdept	Varchar(20)	Y	所在系
Sparent	Varchar(20)	Y	家长
Total	Decimal(5)1位小数	Y	总学分

表12-2 课程（Courses）表

列名	数据类型	可否为空	说明
Cno	Char(3)	N	课程号（主码）
Cname	Varchar(20)	Y	课程名
Cpno	Char(3)	Y	先行课号
Credit	Decimal(3)1位小数	Y	学分

表 12-3 选课（SC）表

列名	数据类型	可否为空	说明
Sno	Char(5)	N	学号，主属性（外码）
Cno	Char(3)	N	课程号，主属性（外码）
Tno	Char(5)	N	教工号，主属性（外码）
Grade	Decimal(5,1)	Y	成绩，0<=Grade<=100

表 12-4 教师（Teacher）表

列名	数据类型	可否为空	说明
Tno	Int	N	教工号（主码）
Tname	Char(10)	Y	教师名
Tpword	Char(5)	N	密码
Tsex	Char(2)	Y	性别，默认“男”
Tphone	Varchar(12)	Y	电话
Tdept	Varchar(20)	Y	系名
Taddr	Varchar(30)	Y	家庭住址
Tprof	Varchar(10)	Y	职称
Tpay	Decimal(8)2 位小数	Y	工资

表 12-5 用户类型表

列名	数据类型	可否为空	说明
用户类型	Varchar(10)	N	用户类型（主键）

表 12-6 baocun 表

列名	数据类型	可否为空	说明
Sname	Varchar(10)	N	姓名，主属性（外码）
Cname	Varchar(20)	N	课程名，主属性（外码）
Credit	Decimal(3,1)	N	学分，主属性（外码）

注：baocun 表用来存放所有学生的选课基本信息。

12.4.4 视图

视图是虚表，是从一个或几个基本表（或视图）中导出的表，在系统的数据字典中仅存放了视图的定义，不存放视图对应的数据。可以将视图看成一个移动的窗口，通过它看到感兴趣的数据。视图的定义存在数据库中，因此定义相关的数据并没有再存一份，透过视图看到的数据存在基表中。当通过视图修改数据时，实际上是在改变基表中的数据；同样，基表数据的改变也会自动反映在由基表产生的视图中。视图可以简化用户的操作，还能提供一定程度上的数据安全性。

本设计根据需要建立了如下两个视图：

1．建立一个成绩不及格的学生学号，姓名的视图

```
CREATE VIEW Student_不及格
AS
SELECT Students.Sno,Sname
FROM SC,Students
WHERE SC.Grade < 60 AND SC.Sno=Students.Sno
```

2．建立一个总学分的视图

```
CREATE VIEW Student_总学分
AS
SELECT Students.Sno,Sname ,SUM(Courses.Credit) '总学分'
FROM SC,Students,Courses
WHERE Sno IN
(SELECT Sno
 FROM SC
 GROUP BY SC.Sno
)
```

12.4.5 存储过程

存储过程是由流程控制和 SQL 语句书写的过程，这个过程经编译和优化后存储在数据库服务器中，使用应用程序时只要调用即可。使用存储过程有以下的优点：存储过程可以用流程控制语句编写，有很强的灵活性，可以完成复杂的判断和较复杂的运算；通过存储过程可以使没有权限的用户在控制之下间接地存取数据库，从而保证数据的安全；通过存储过程可以使相关的动作在一起发生，从而可以维护数据库的完整性；可以降低网络的通信量。

本设计建立了一个控制选课人数的存储过程。

```
CREATE PROCEDURE  统计选课人数
AS
BEGIN
 SELECT Courses.Cno,Courses.Cname,Cpno,Courses.Credit,
          Count(baocun.Cname) AS  已选人数
FROM Courses left   join   baocun on (Courses.Cname=baocun.Cname)
 GROUP BY baocun.Cname,Courses.Cno,Courses.Cname,Cpno,Credit
END;
GO
```

12.4.6 触发器

触发器是特定事件出现的时候，自动执行的代码块。类似于存储过程，但是用户不能直接调用，对表或视图做更新时触发器会自动执行。一个表可以有多个触发器，它可以实现更为复杂的完整性约束，确保数据规范化。本设计的四个触发器如下：

（1）建立一个触发器，以保证每门课的选课人数不超过 45 人。

```
CREATE TRIGGER 可选人数 ON baocun
    FOR INSERT
    AS
DECLARE @已选人数 int
SELECT @已选人数= count(*)
FROM baocun
WHERE Cname=(select Cname from inserted)
    IF (@已选人数>=45)
BEGIN
        RAISERROR( '该课程人数已满',16,1)
        ROLLBACK TRANSACTION
END
```

（2）建立一个触发器 tri_AddTototal，当在选课表中插入元组的成绩大于等于 60 分时，在该同学的总学分 Students.Total 上增加相应的学分值。

```
CREATE   TRIGGER tri_AddTototal ON   SC   FOR INSERT
AS
BEGIN
--用于存储获取的学号、课程号和成绩
DECLARE @SNO CHAR(5),@CNO CHAR(3),@GRADE DECIMAL(5,1)
DECLARE @CREDIT DECIMAL(3,1)
DECLARE CUR_I CURSOR FOR SELECT SNO,CNO,GRADE FROM INSERTED
OPEN CUR_I
FETCH NEXT FROM CUR_I INTO @SNO,@CNO,@GRADE
WHILE(@@FETCH_STATUS=0)
BEGIN
     IF(@GRADE>=60)
      BEGIN
        SELECT @CREDIT=CREDIT FROM COURSE WHERE CNO=@CNO
--获取该课程号学分
        UPDATE   STUDENT   SET   TOTAL=TOTAL+@CREDIT   WHERE
SNO=@SNO
--对该学号加上对应学分
```

```
      END
      FETCH NEXT FROM CUR_I INTO @SNO,@CNO,@GRADE
  END
  CLOSE CUR_I
  DEALLOCATE CUR_I
  END
```

（3）建立一个触发器 tri_DeleteToTotal，当在选课表中删除元组的成绩仅大于 60 分时，在该同学的 Student.Total 上减少其学分值。

```
CREATE   TRIGGER TRI_DELETETOTOTAL ON   SC   FOR DELETE
AS
BEGIN
DECLARE @SNO CHAR(5),@CNO CHAR(3),@CREDIT DECIMAL(3,1),@GRADE DECIMAL(5,1) --用于存储获取的学号、课程号、学分、成绩
DECLARE CUR_D CURSOR FOR SELECT SNO,CNO,GRADE FROM DELETED
    OPEN CUR_D
    FETCH NEXT FROM CUR_D INTO @SNO,@CNO,@GRADE
    WHILE(@@FETCH_STATUS=0)
    BEGIN
IF(@GRADE>=60)
        BEGIN
--获取该课程号学分
SELECT @CREDIT=CREDIT FROM COURSE WHERE CNO=@CNO
--对该学号减去对应学分
UPDATE STUDENT SET TOTAL=TOTAL-@CREDIT WHERE SNO=@SNO
        END
        FETCH NEXT FROM CUR_D INTO @SNO,@CNO,@GRADE
    END
CLOSE CUR_D
DEALLOCATE CUR_D
END
```

（4）建立一个触发器 tri_UpdateToTotal，当成绩由 60 分以下更新为 60 分以上时，则在该同学的总学分 Student.Total 上增加相应的学分值；当成绩由 60 分以上更新为 60 分以下时，则在该同学的总学分 Student.Total 上减去相应的学分值。

```
CREATE   TRIGGER TRI_UPDATETOTOTAL ON   SC   FOR UPDATE
AS
BEGIN
DECLARE   @SNO CHAR(5) ,@SNO_I CHAR(5), @SNO_D CHAR(5), @CNO_I CHAR(3), @CNO_D CHAR(3), @GRADE_I DECIMAL(5,1), @GRADE_D DECIMAL(5,1),
```

```
@CREDIT DECIMAL(3,1)
    DECLARE CUR_I CURSOR FOR SELECT SNO, CNO, GRADE FROM INSERTED
    OPEN CUR_I
    FETCH NEXT FROM CUR_I INTO @SNO_I,@CNO_I ,@GRADE_I
    WHILE(@@FETCH_STATUS=0)
    BEGIN
    DECLARE CUR_D CURSOR FOR SELECT SNO, CNO, GRADE FROM DELETED
    OPEN CUR_D
    FETCH NEXT FROM CUR_D INTO @SNO_D,@CNO_D,@GRADE_D
    WHILE(@@FETCH_STATUS=0)
        BEGIN
    IF(@GRADE_I>=60 AND @GRADE_D<60)
            BEGIN
    --获取该课程号学分
    SELECT @CREDIT=CREDIT FROM COURSE WHERE CNO=@CNO_I
            UPDATE    STUDENT    SET    TOTAL=TOTAL+@CREDIT    WHERE
SNO=@SNO_I
            END
    IF(@GRADE_I<60 AND @GRADE_D>=60)
    BEGIN
    --获取该课程号学分
    SELECT @CREDIT=CREDIT FROM COURSE WHERE CNO=@CNO_I
            UPDATE    STUDENT    SET    TOTAL=TOTAL-@CREDIT    WHERE
SNO=@SNO_I
    END
    FETCH NEXT FROM CUR_D INTO @SNO_D,@CNO_D,@GRADE_D
    END
    FETCH NEXT FROM CUR_I INTO @SNO_I,@CNO_I,@GRADE_I
    END
    CLOSE CUR_I
    DEALLOCATE CUR_I
    END
```

12.5 数据库物理结构设计

12.5.1 建立索引

索引可以加快数据库的检索速度，本设计分别对学生表、课程表、教师表按主码建立了聚簇索引，分别如图 12-8～图 12-10 所示。

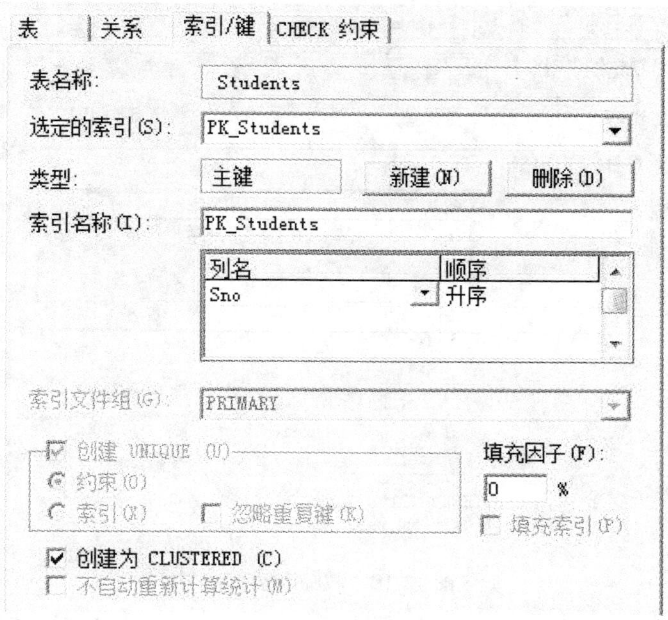

图 12-8　学生表索引

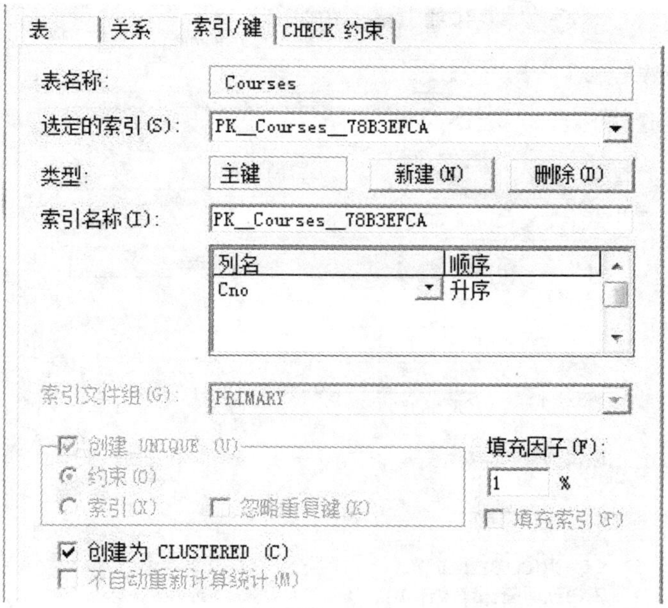

图 12-9　课程表索引

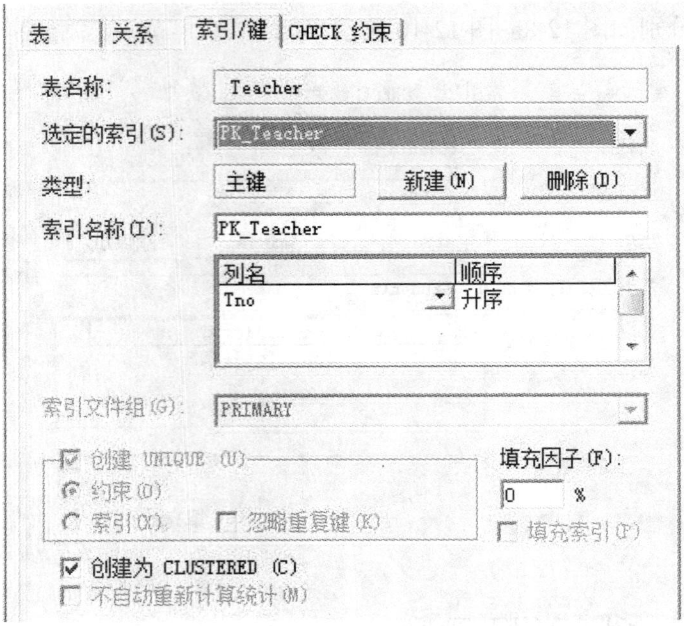

图 12-10 教师表索引

选课表按学号（Sno）建立了一个普通索引，如图 12-11 所示。

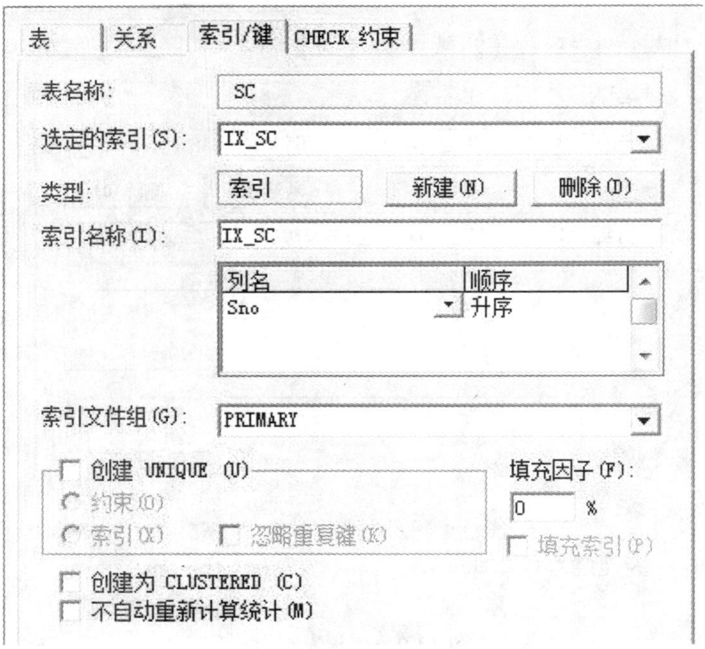

图 12-11 选课表索引

12.5.2 建立约束关系

（1）将成绩约束在 0～100 之间，如图 12-12 所示。

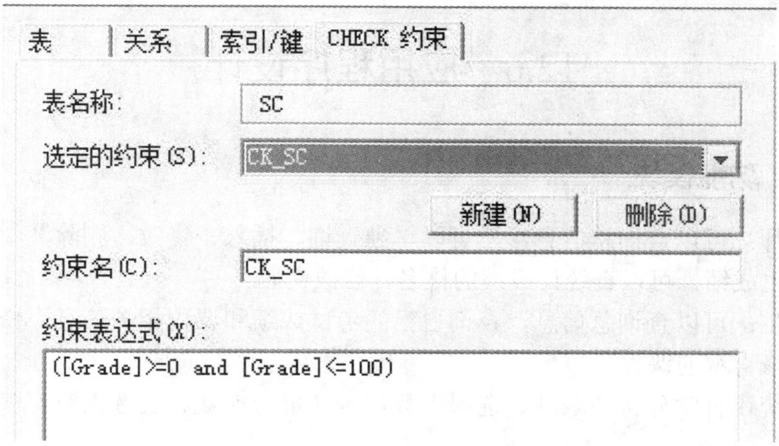

图 12-12　成绩约束

（2）教师性别只能是“男”和“女”，默认为“男”，如图 12-13 所示。

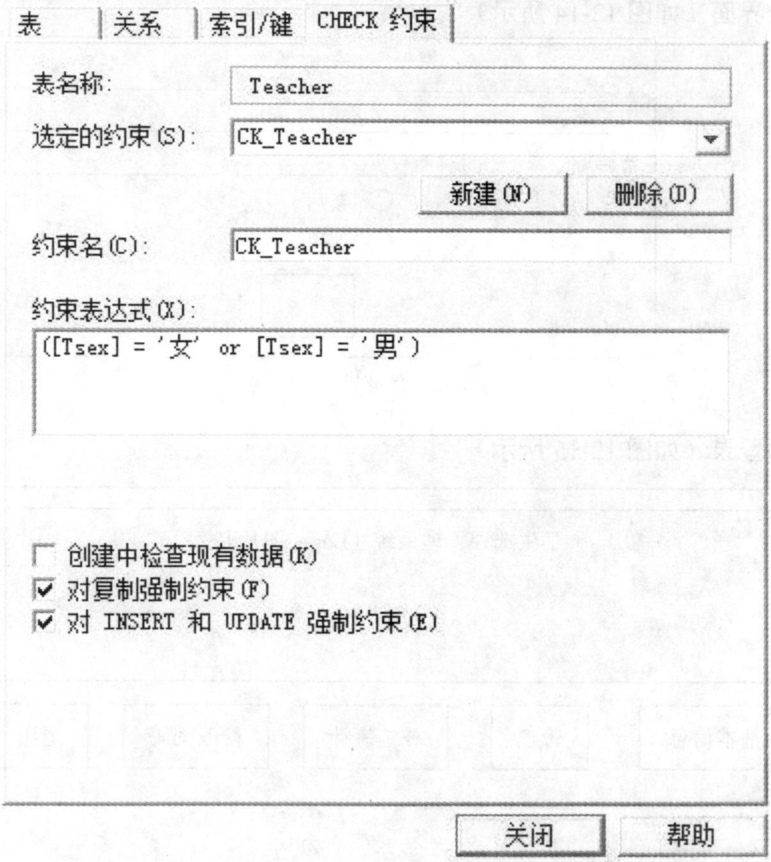

图 12-13　性别约束

12.6 应用程序设计

12.6.1 功能模块

（1）教师：可以查询总信息，还可以单独查询、插入、修改、删除某学生、某课程信息或某学生成绩，可以查统计成绩的排名，修改密码。

（2）学生：可以查询总信息，查询自己的考试成绩和课程相关信息，修改密码，还可以自行选修喜欢的课程。

（3）系统还有学分自动增减、选课人数控制（可选人数、已选人数）和及格与否控制等功能。

12.6.2 界面设计

1．登录界面（如图 12-14 所示）

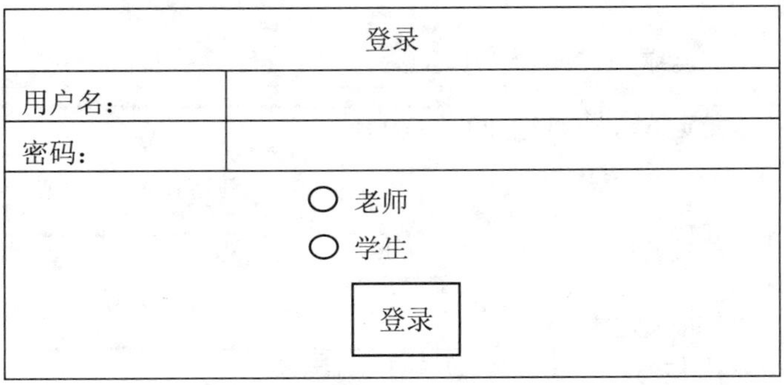

图 12-14　登录界面设计图

2．教师登录（如图 12-15 所示）

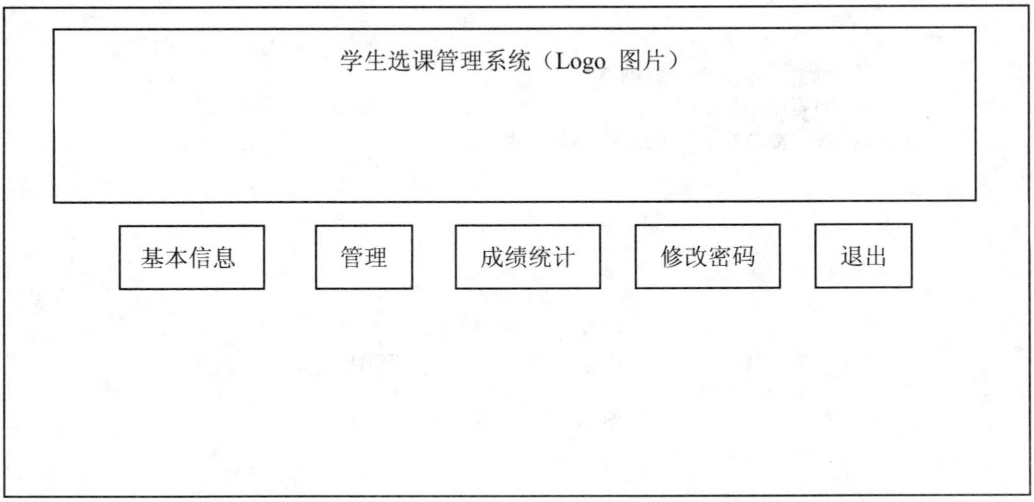

图 12-15　教师登录界面设计图

3．**学生登录（如图 12-16 所示）**

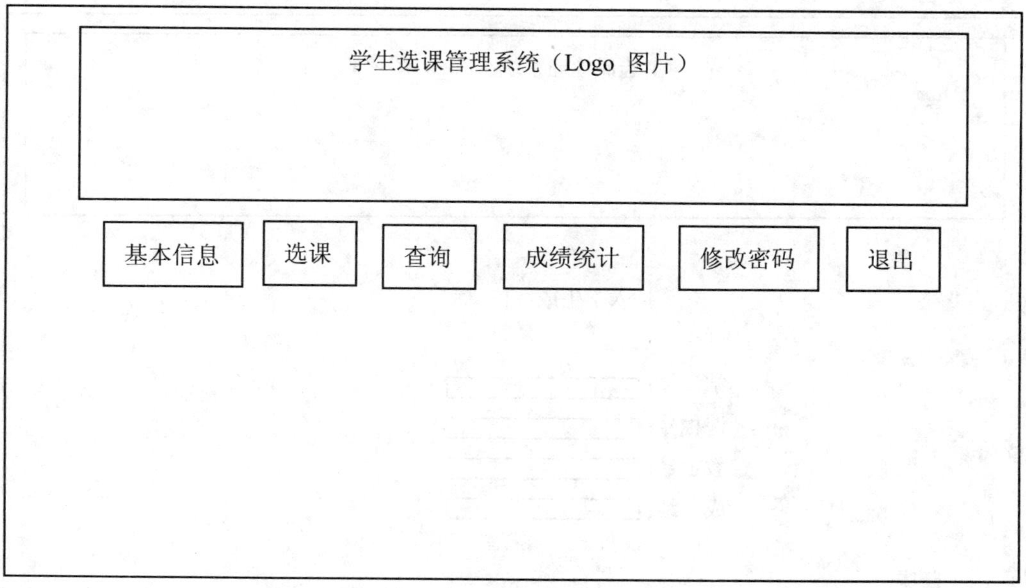

图 12-16　学生登录界面设计图

4．**查询课程信息（查询学生信息，成绩信息类似，如图 12-17 所示）**

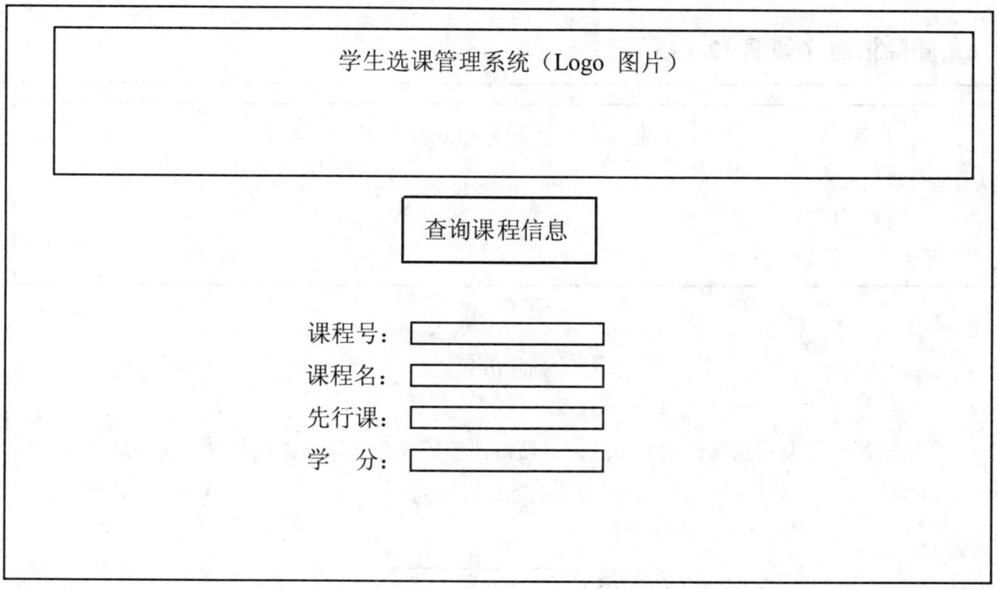

图 12-17　查询课程界面设计图

5．插入学生成绩信息（插入学生信息，课程信息类似，如图 12-18 所示）

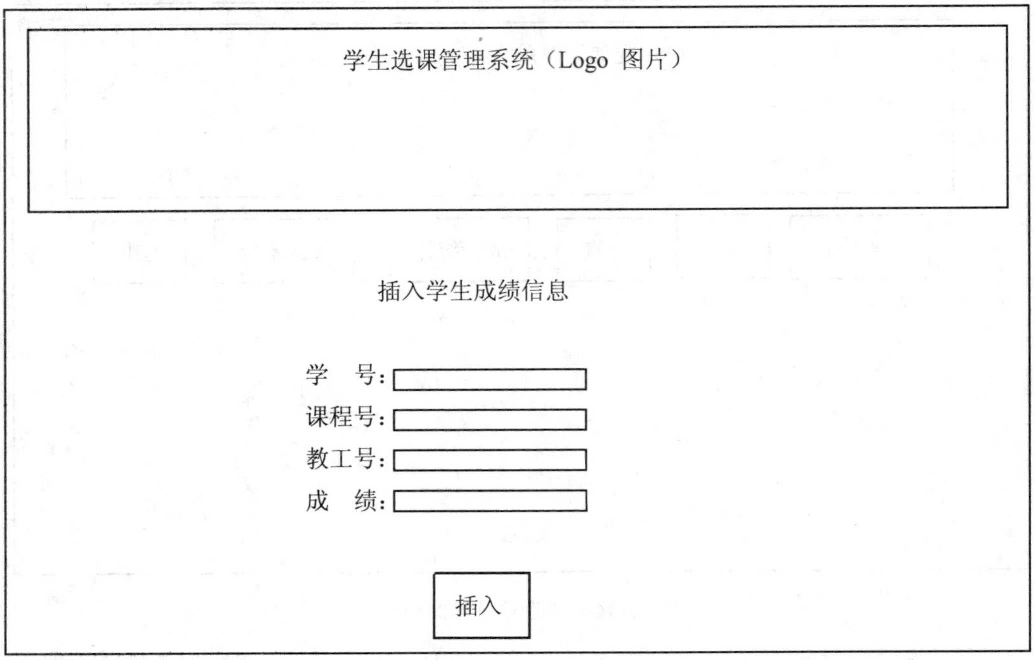

图 12-18　插入学生成绩界面设计图

6．删除信息（如图 12-19 所示）

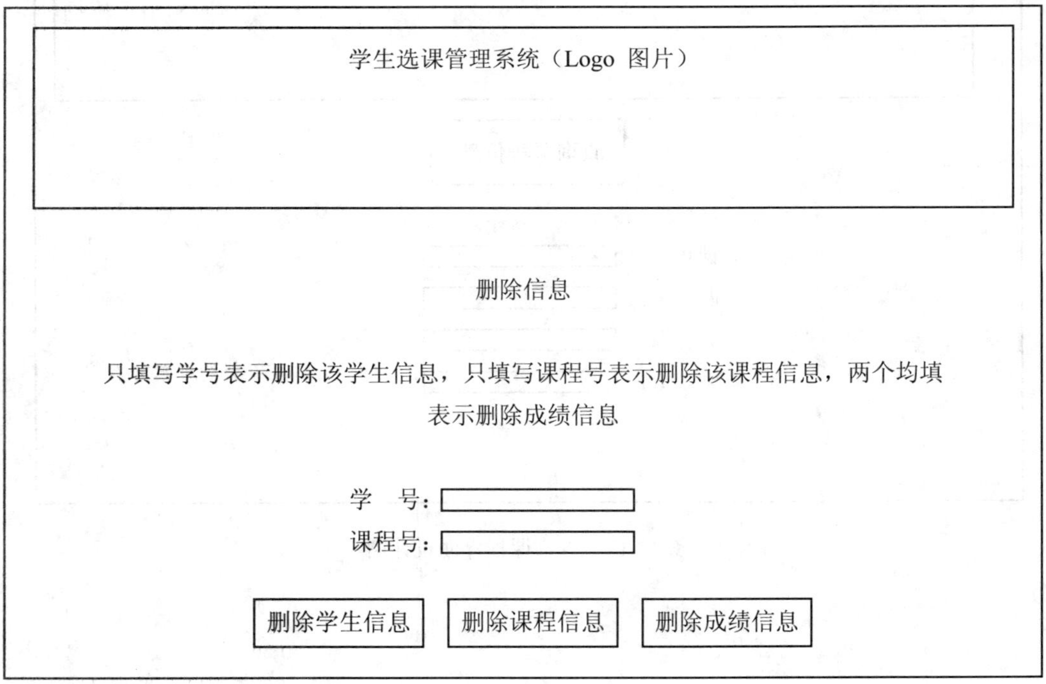

图 12-19　删除信息界面设计图

7. **修改成绩（修改学生姓名，课程名类似，如图 12-20 所示）**

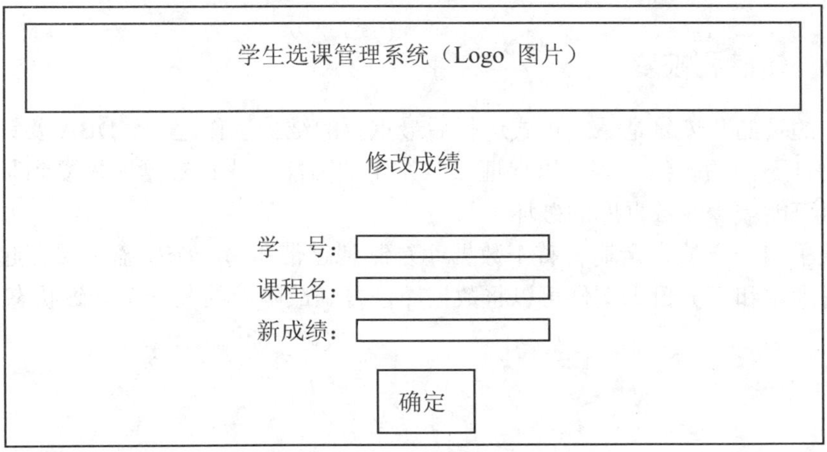

图 12-20　修改成绩界面设计图

8. **修改密码（如图 12-21 所示）**

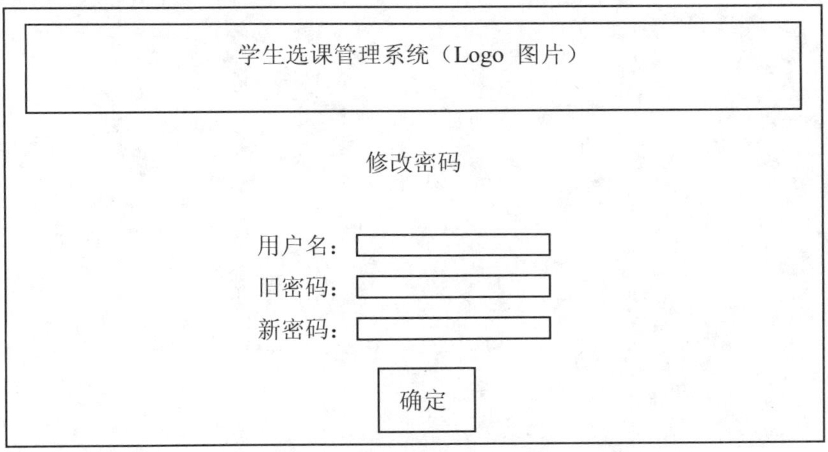

图 12-21　修改密码界面设计图

12.7　运行和维护

12.7.1　安全机制

为保证系统的安全，对不同权限的用户设置如下：

进入选课系统时，通过输入用户名和密码以及选择用户类型（教师或学生）来判断正确与否进行登录，登录进入后，教师、学生可做不同的操作。

（1）对于用户学生来说，只可以查询总信息（学生+课程+选课），查询自己的考试成绩和课程相关信息，可以修改密码，还可以自行选修喜欢的课程。

（2）对于用户教师来说，既可以查询总信息（学生+课程+选课），还可以单独查询、插入、修改、删除某学生、某课程信息或某学生成绩，也可以查询成绩统计及成绩排名和修改密码。

12.7.2 转储和恢复

数据库的转储和恢复是系统正式运行后最重要的维护工作之一。DBA 要针对不同的应用要求制订不同的转储计划，以保证一旦发生故障能尽快将数据库恢复到某种一致的状态，并尽可能减少对数据库的破坏。

本系统采用的方法是定期将整个数据库复制到磁带和另一个磁盘上保存起来，利用数据库后备副本和事务日志文件可以将数据库恢复到故障前的某一个一致状态。

实验 13　数据库应用项目开发实例分析

13.1　概　　述

13.1.1　实验目的

（1）通过对一个完整的数据库应用项目开发实例的分析与学习，全面掌握基于 Web 编程的数据库应用系统开发过程和技术；

（2）了解三层结构的数据库应用程序框架及编程方法；

（3）掌握数据库存储过程的调用与操作；

（4）掌握 SQL Server 2008 处理 BLOB 的方法；

（5）掌握 Web 编程中的图片上传、内容发布、对象关系映射等关键技术。

13.2.2　实验项目说明

本实验项目内容源自实际项目，是一个完整的企业级网站的前台展示与后台管理系统。

系统用 Visual studio 2008 结合 SQL Server 2008 开发，开发语言选用 C#。不具有 C#基础的读者，若学习过 C++或 Java 也可以基本看懂本实验所附的大部分源代码。

13.2　实例开发分析

系统分成前后台两大部分，前台用来全面展示企业各个方面的信息，后台用来对前台的各种信息进行管理。不论是前台还是后台都是通过浏览器方式访问，应用程序只需部署在服务器端即可。

系统要求功能齐全，使用方便，安全可靠；数据全部存放在数据库中，便于备份与恢复，也便于归档整理；网站的各个模块风格应该统一，美观大方，方便用户识别与操作；系统应具有较好的扩展性，方便以后增加新的功能。

13.2.1　主要功能模块分析

系统的主要功能模块如下：

（1）前台功能模块分为首页、公司简介、公司新闻、成功案例、学术成果、媒体报道、专家团队、招聘信息和联系信息 9 大部分。

部分示例代码参考了开源网站 www.51aspx.com 中的源代码。

（2）后台功能模块分为管理员管理、产品管理、文档管理、人才招聘管理、系统设置和系统工具 6 大部分。

（3）首页模块上要提供完善的导航功能，可以让用户方便地访问网站的各个功能模块。首页上要提供常用模块的快捷进入方式。

（4）首页上应提供各种外部链接，并以图片的形式呈现，并且可以在后台动态地修改与更新。

（5）首页与各个模块上的内容都是可以在后台进行维护的，并且结果存放在数据库。

（6）后台管理应该尽可能方便快捷，界面友好。后台管理员必须通过安全验证才能使用后台管理功能。

13.2.2　界面风格分析

本系统采用 B/S 模式开发，无论是前台还是后台都用 aspx 页面呈现用户界面，主要使用鼠标操作，便于大多数人的访问或管理。图 13-1 为系统前台首页，图 13-2 为系统后台管理界面。

图 13-1　前台首页

图 13-2　后台管理界面

13.2.3　源代码结构分析

本系统采用面向对象的方法进行分析与开发，用模块化的方法组织源代码，源代码的结构如图 13-3 所示。

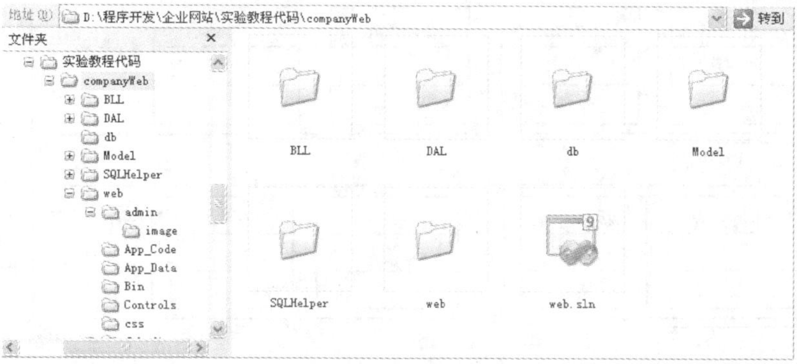

图 13-3　系统源代码结构

说明如下：

系统的所有源代码，包括数据库文件全部位于 companyWeb 文件夹下，其中，BLL 为业务逻辑层代码所在的文件夹；DAL 为数据访问层代码所在的文件夹；Db 为数据库文件所在的文件夹；Model 为业务对象代码所在的文件夹；SQLHelper 为 SQL 操作层代码所在的文件夹；Web 为 ASP.NET 代码所在的文件夹；Web.sln 为 visual studio 2008 解决方案文件。

13.2.4　系统对象分析

系统采用三层架构，主要对象如图 13-4 所示。

13.2.5　数据库设计分析

通过 SQL Server Management Studio 打开数据库 companyWeb 后，看到的数据库总体情形如图 13-5 所示。在此系统中主要用到了两种数据库对象，表与存储过程。所有的数据都存放在表中，所有对数据的访问都通过存储过程，这样就提供了一个统一的数据库访问界面，表示层中的对象不会通过拼接 SQL 语句的方式来直接访问数据库中的表，这是此系统与以往一些 ASP 编写的简单网站程序最大的不同点之一。在实验过程中要仔细体会这一点。

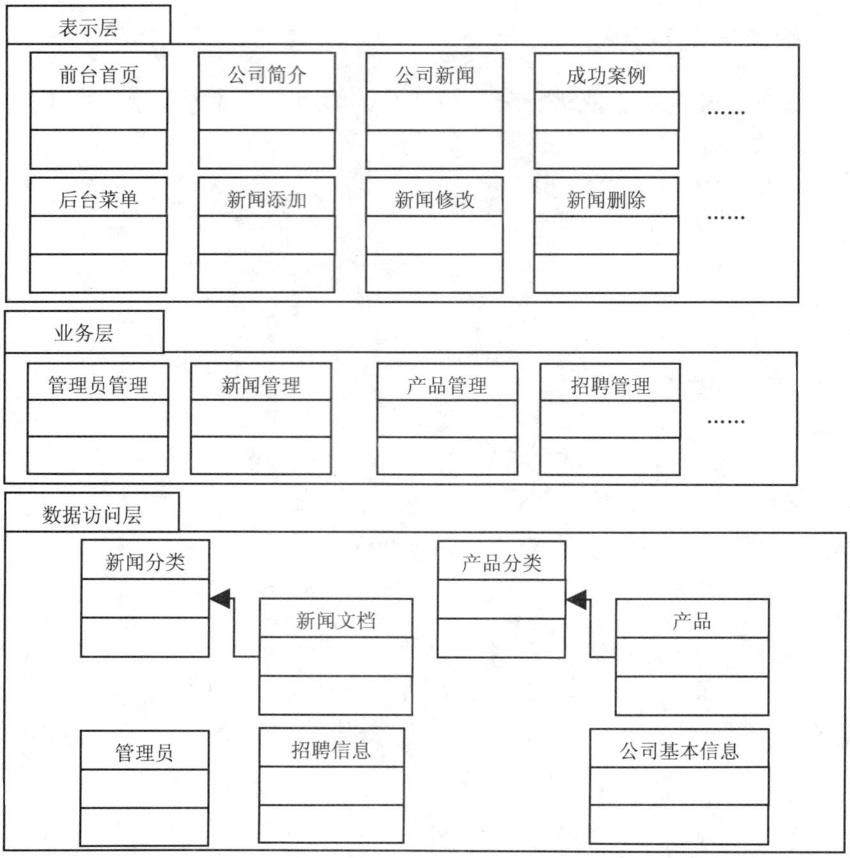

图 13-4　系统主要对象的类图

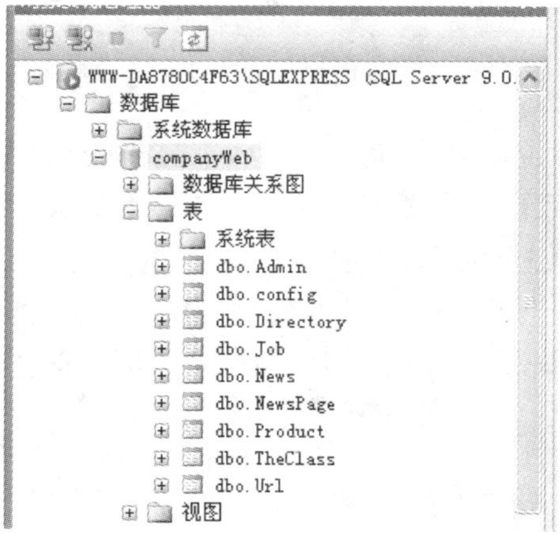

图 13-5　companyWeb 数据库概况

13.2.5.1　数据表设计分析

（1）Admin：用于存放管理员信息。结构如图 13-6 所示。

（2）TheClass：用于存放新闻或产品的分类信息。结构如图 13-7 所示。

（3）News：用于存放新闻文档。结构如图 13-8 所示。

列名	数据类型	允许 Null
ID	int	☐
UserName	nvarchar(50)	☑
Password	nvarchar(50)	☑
LastLoginIP	nvarchar(50)	☑
LastLoginTime	datetime	☑

图 13-6　表 Admin 结构

列名	数据类型	允许 Null
ClassID	int	☐
ParentID	int	☑
ClassName	nvarchar(50)	☑
ParentOrder	int	☑
isSys	tinyint	☐
classType	smallint	☑
isShowOnMenu	int	☐
remark	nvarchar(255)	☐
pic	nvarchar(255)	☐

图 13-7　表 TheClass 结构

列名	数据类型	允许 Null
ID	int	☐
ClassID	int	☑
Title	nvarchar(50)	☑
Abstract	nvarchar(200)	☐
Source	nvarchar(50)	☑
Author	nvarchar(50)	☑
UpdateTime	datetime	☑
Click	int	☑

图 13-8　表 News 结构

（4）NewsPage：用于存放分页的新闻内容。结构如图 13-9 所示。

列名	数据类型	允许 Null
ID	int	☐
NewsID	int	☐
PageNo	int	☐
[Content]	ntext	☑

图 13-9　表 NewsPage 结构

说明：

新闻文档中的内容很可能超过 8000 个字节，因此没有用 char 类型，而是采用 ntext 类型来存储。ntext 类型表示可变长度 unicdoe 数据，存储数据的最大长度为 2GB，1 个字符使用 2 个字节存储。这是 SQL Server 2008 中存储大文本块的一种 BLOB 类型。

（5）Product：用于存放产品信息。结构如图 13-10 所示。

列名	数据类型	允许 Null
ID	int	☐
ClassID	int	☑
Pro_Name	nvarchar(50)	☑
Pic	nvarchar(255)	☑
pic_width	smallint	☐
pic_height	smallint	☐
[Content]	ntext	☑
Updatatime	datetime	☑
Click	int	☑
ordNum	int	☐
remark	nvarchar(255)	☐

图 13-10　表 Product 结构

（6）Job：用于存放招聘信息。结构如图 13-11 所示。

列名	数据类型	允许 Null
ID	int	☐
Title	nvarchar(50)	☑
[Content]	ntext	☑
Updatatime	datetime	☑
Click	int	☑

图 13-11　表 Job 结构

（6）config：用于存放公司基本信息。结构如图 13-12 所示。

列名	数据类型	允许 Null
About	ntext	☑
Contact	ntext	☑

图 13-12　表 config 结构

（7）Directory：用于存放网络硬盘工具中的路径信息。结构如图 13-13 所示。

列名	数据类型	允许 Null
DirID	int	☐
Name	varchar(200)	☑
ParentID	int	☑
Contain	int	☑
FileCount	int	☑
DirCount	int	☑
Flag	bit	☑
CreateDate	datetime	☑

图 13-13　表 Directory 结构

（8）Url：用于存放 Url 串的相关信息。结构如图 13-14 所示。

列名	数据类型	允许 Null
UrlID	int	☐
Url	varchar(500)	☑
Type	varchar(200)	☑
DirID	int	☑
CreateDate	datetime	☑

图 13-14　表 Url 结构

13.2.5.2　存储过程设计分析

此系统的数据访问全部通过存储过程完成，因此存储过程是此系统开发中最重要的工作之一。由于数量较多，请通过仔细阅读源代码来了解每一个存储过程的详细代码。这里通过对系统管理员相关的存储过程代码加以简要说明，以便举一反三，加快对代码的理解。

一般说来，每个实体对象都有四个操作方面：添加（add），删除（delete），修改（update），查询获取（get）。因此存储过程在命名时遵循这样的约定：操作名_实体名。如下面举例的存储过程：Add_Admin 就是添加管理员的存储过程，Delete_Admin 就是删除管理员的存储过程，Update_Admin 就是修改管理员的存储过程，Get_Admin 就是取得管理员信息的存储过程。

① 添加管理员

```
CREATE PROCEDURE [dbo].[Add_Admin]
(@UserName nvarchar(50), @Password nvarchar(50), @LastLoginIP nvarchar(50),
@LastLoginTime Datetime)
AS
    INSERT INTO     Admin
Values (@UserName, @Password, @LastLoginIP, @LastLoginTime)
RETURN @@Identity
```

② 删除管理员

```
CREATE PROCEDURE [dbo].[Delete_Admin]   @ID int
AS
    DELETE Admin WHERE ID=@ID
```

③ 修改管理员信息

```
CREATE PROCEDURE [dbo].[Update_Admin] @ID int,
@UserName nvarchar(50), @Password nvarchar(50),
@LastLoginIP nvarchar(50), @LastLoginTime Datetime
AS
    UPDATE Admin SET UserName =@UserName, Password=@Password,
        LastLoginIP=@LastLoginIP, LastLoginTime=@LastLoginTime
```

```
    WHERE ID=@ID
```

④ 查询管理员信息

```
CREATE PROCEDURE [dbo].[Get_Admin]
AS
    SELECT * FROM Admin ORDER BY ID DESC
```

13.3 重点技术分析

此系统中的页面数量、类的数据、存储过程的数据都较多，刚开始阅读源码时，不太容易掌握系统工作的基本原理，因此这里将此系统中的几个重点技术做一个简要分析，让读者可以领会从浏览器页面到数据库的一个完整工作过程。

13.3.1 对象到关系的映射过程

系统中的对象最终是存储在数据库的表里面的。在多层结构的系统中，这不是一步完成的。因此我们先从整体上了解实体对象到数据库表的映射过程。此过程如图 13-15 所示。

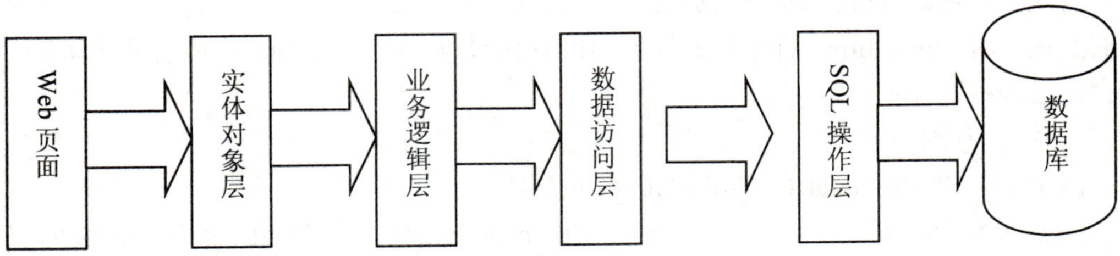

图 13-15 对象到关系的映射过程

接下来以管理员实体对象为例，具体说明这一映射过程。其中的关键代码用灰底突出表示。

第一步：Web 页面 Get_Admin.aspx 用来显示管理员信息，如图 13-16 所示。

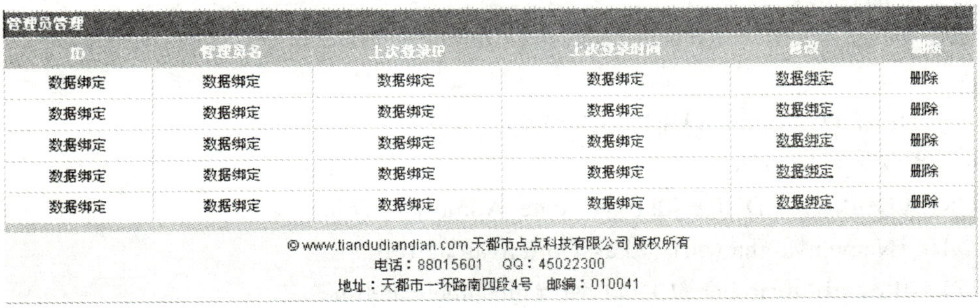

图 13-16 Get_Admin.aspx 在设计环境中的截图

Get_Admin.aspx 页面的后台代码 Get_Admin.aspx.cs 中的关键过程。

```
public void BinData()
    {
        AdminSystem adminSystem = new AdminSystem();
        List<Admin> List_Admin = new List<Admin>();
        List_Admin=adminSystem.Get_Admin();
        Admin_List.DataSource = List_Admin;
        Admin_List.DataBind();
    }
```

第二步：实体对象层 Model 中的 Admin.cs 定义了 Admin 类。

```
public class Admin
    {
        #region Model
        private int _ID;
        private string _UserName;
        private string _Password;
        private string _LastLoginIP;
        private DateTime _LastLoginTime;
        /// <summary>
        /// 管理员 ID
        /// </summary>
        public int ID
        {
            get
            {
                return _ID;
            }
            set
            {
                _ID = value;
            }
        }
        /// <summary>
        /// 管理员名称
        /// </summary>
        public string UserName
        {
            get
            {
                return _UserName;
            }
            set
            {
                _UserName = value;
            }
        }
        /// <summary>
        /// 管理员密码
        /// </summary>
        public string Password
        {
            get
            {
                return _Password;
            }
            set
            {
                _Password = value;
            }
        }
        /// <summary>
        /// 最后登录 IP
        /// </summary>
        public string LastLoginIP
        {
            get
            {
                return _LastLoginIP;
            }
            set
            {
                _LastLoginIP = value;
            }
        }
        /// <summary>
        /// 最后登录时间
        /// </summary>
        public DateTime LastLoginTime
        {
            get
            {
                return _LastLoginTime;
            }
            set
            {
                _LastLoginTime = value;
            }
        }
        #endregion Model
    }
```

第三步：业务逻辑层 BLL 中的 AdminSystem.cs 定义了取得管理员信息的方法。注意，此业务逻辑层只是简单地将请求转发给数据访问层。如果以后系统的功能要进行扩展，可在这一层添加相应的业务逻辑代码。

```
public List<Admin> Get_Admin()
        {
            AdminSQL adminSQL = new AdminSQL();
            return (adminSQL.Get_Admin());
        }
```

第四步：数据访问层 DAL 中的 AdminSQL.cs 定义了 Get_Admin 方法。

```
public List<Admin> Get_Admin()
    {
        SQLHelper.SQLHelper sqlHelper = new SQLHelper.SQLHelper();
        SqlDataReader rec = null;
        try
        {
            sqlHelper.RunProc("Get_Admin", out rec);
        }
        catch (Exception ex)
        {
            SystemError.CreateErrorLog(ex.Message);
            throw new Exception(ex.Message, ex);
        }
        List<Admin> List_Admin = new List<Admin>();
        while ((rec != null) &&    rec.Read())
        {
            Admin admin = new Admin();
            admin.ID = Int32.Parse(rec["ID"].ToString());
            admin.UserName = rec["UserName"].ToString();
            admin.Password = rec["Password"].ToString();
            admin.LastLoginIP = rec["LastLoginIP"].ToString();
            admin.LastLoginTime = DateTime.Parse(rec["LastLoginTime"].ToString());

            List_Admin.Add(admin);
            admin = null;
        }
        sqlHelper.Close();
        return List_Admin;
    }
```

第五步：SQL 操作层 SQLHelper 中的 SQLHelper.cs 定义了 RunProc 方法，用来执行指定的存储过程，从数据库中取得数据。

```
/// 执行存储过程
/// </summary>
/// <param name="procName">存储过程的名称</param>
/// <param name="dataReader">返回存储过程返回值</param>
public void RunProc(string procName, out SqlDataReader dataReader)
{
    ///创建 Command
    SqlCommand cmd = CreateProcCommand(procName, null);

    try
    {
        ///读取数据
        dataReader = cmd.ExecuteReader(CommandBehavior.CloseConnection);
    }
    catch(Exception ex)
    {
        dataReader = null;
        ///记录错误日志
        SystemError.CreateErrorLog(ex.Message);
    }

}
```

第六步：存储过程 Get_Admin 被执行，完成了映射过程。

```
ALTER PROCEDURE [dbo].[Get_Admin]
AS
    SELECT * FROM Admin ORDER BY ID DESC
```

请在了解对象关系映射过程的基础上，在 Visual Studio 2008 中打开源文件，对照上述过程再阅读相关源代码，并运行一下，理解页面上的管理员信息是如何从数据库显示到页面上来的，然后举一反三，理解新闻信息、产品信息等都是如何从数据库显示到页面上来的。

13.3.2　管理员登录验证过程

第一步：Web 页面 login.aspx 用来显示管理员登录窗体，如图 13-17 所示。

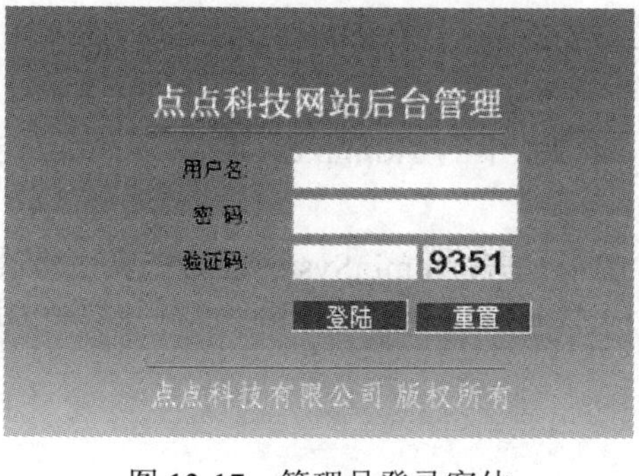

图 13-17　管理员登录窗体

login.aspx 页面的后台代码 login.aspx.cs 中的关键过程如下：

```
protected void ImageButton1_Click(object sender, ImageClickEventArgs e)
    {
        if (Page.IsValid)
        {
            if (sValidator == Code.Text.ToString())
            {
                AdminSystem adminSystem = new AdminSystem();
                Admin admin = new Admin();
                admin=adminSystem.Get_SingAdmin(UserName.Text.ToString());
                if (admin.UserName==UserName.Text.ToString())
                {
if(FormsAuthentication.HashPasswordForStoringInConfigFile(PassWord.Text.ToString(),
"MD5")==admin.Password.ToString())
                    {
                        Session["Admin_User"] = UserName.Text.ToString();
                        Response.Write("<script>location.href='Default.aspx';</script>");
                    }
                    else
                    {
          Response.Write("<script>alert('管理员密码错误');location.href='login.aspx';</script>");
                    }
                }
                else
                {
           Response.Write("<script>alert('管理员不存在');location.href='login.aspx';</script>");
                }
            }
            else
            {
           Response.Write("<script>alert('验证码错误');location.href='login.aspx';</script>");
            }
        }
    }
```

管理员密码是管理员对象的一个属性，这里的关键之处在于从数据库中取得与指定用户名相同的管理员对象后，将管理员密码与登录窗体中的密码进行比较，如果相同，则登录成功，如果不同，则登陆失败。如果数据库中直接存放管理员密码的明文，则安全性不高。因此在添加管理员时，用户输入的密码串通过 MD5 加密，然后再存入数据库，当验证密码时，将用户输入的密码串用 MD5 加密后与从数据库中取回的密码串比较，若相同，则登录成功。

第二步：实体对象层 Model 中的 Admin.cs 定义了 Admin 类，与上一节相同，不再复述。

第三步：业务逻辑层 BLL 中的 AdminSystem.cs 定义了取得管理员信息的方法如下。与上一节不同之处在于要取得指定名称的一个管理员，当然也可能一个也取不到。

```
public Admin Get_SingAdmin(string sUserName)
        {
            AdminSQL adminSQL = new AdminSQL();
            return (adminSQL.Get_SingAdmin(sUserName));
 }
```

第四步：数据访问层 DAL 中的 AdminSQL.cs 定义了 Get_SingAdmin 方法如下。

```
public Admin Get_SingAdmin(string sUserName)
        {
            SQLHelper.SQLHelper sqlHelper = new SQLHelper.SQLHelper();
            SqlParameter[]      ParamList      ={       sqlHelper.CreateInParam("@UserName",
SqlDbType.NVarChar,50,sUserName) };
            SqlDataReader rec = null;
            try
            {
                sqlHelper.RunProc("Get_SingAdmin", ParamList, out rec);
            }
            catch (Exception ex)
            {
                SystemError.CreateErrorLog(ex.Message);
                throw new Exception(ex.Message, ex);
            }
            Admin admin = new Admin();
            while ((rec != null) &&   rec.Read())
            {
                admin.ID = Int32.Parse(rec["ID"].ToString());
                admin.UserName = rec["UserName"].ToString();
                admin.Password = rec["Password"].ToString();
                admin.LastLoginIP = rec["LastLoginIP"].ToString();
                admin.LastLoginTime = DateTime.Parse(rec["LastLoginTime"].ToString());
            }
            sqlHelper.Close();
            return admin;
        }
```

第五步：SQL 操作层 SQLHelper 中的 SQLHelper.cs 定义了 RunProc 方法，与上一节相同，不再复述。

第六步：存储过程 Get_SingAdmin 被执行。

```
ALTER PROCEDURE [dbo].[Get_SingAdmin]
(
    @UserName nvarchar(50)
)
 AS
SELECT * FROM Admin WHERE UserName=@UserName
```

请在了解管理员登录过程的基础上，在 Visual Studio 2008 中打开源文件，对照上述过程再阅读相关源代码，并运行一下，理解什么情况下登录会成功，什么情况下会失败。

13.3.3 发布新闻文档的过程

第一步：Web 页面 Add_News.aspx 提供了一篇新闻文档的界面，如图 13-18 所示。

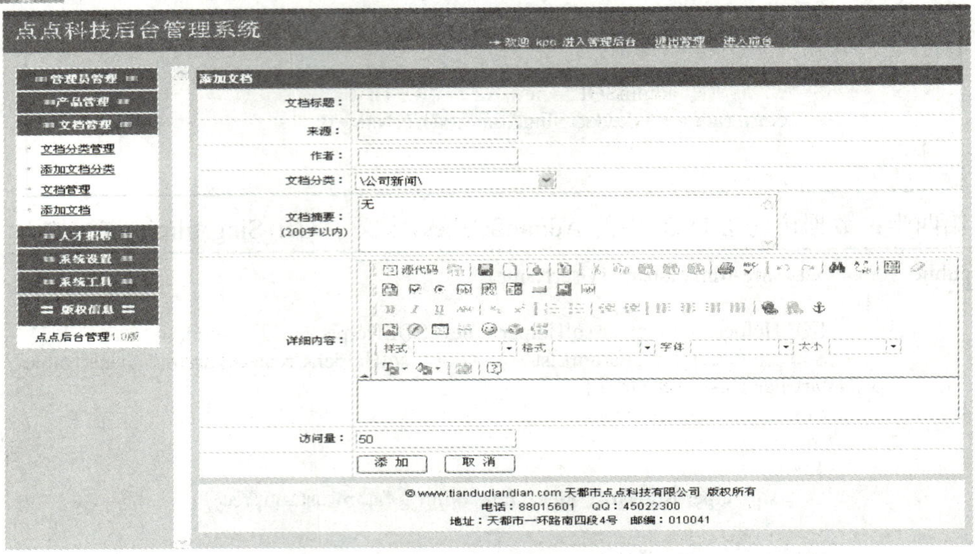

图 13-18　发布新闻文档的页面

Add_News.aspx 页面的后台代码 Add_News.aspx.cs 中的关键过程。

```
protected void Button1_Click(object sender, EventArgs e)
    {
        News news = new News();
        news.Title = Title.Text.ToString();
        news.Abstract = Abstract.Text.ToString();
        news.Source = Source.Text.ToString();
        news.Author = Author.Text.ToString();
        news.CurrentPageContent    = Content.Value.ToString();
        news.UpdateTime = DateTime.Now;
        news.Click = Int32.Parse(Click.Text.ToString());
        NewClassSystem newClassSystem = new NewClassSystem();
        news.NewClass = newClassSystem.Get_SingNewClass(Int32.Parse(ClassID.SelectedValue));
        NewsSystem newsSystem = new NewsSystem();
        if (newsSystem.Add_News(news) > 0)
        {
            Response.Write("<script>alert('添加成功');
location.href='Get_News.aspx';</script>");
        }
        else
        {
            Response.Write("<script>alert('添加失败');history.back(1);</script>");
        }
    }
```

此处的关键在于新闻信息不是存放在一张表中，则是存放在表 News 与表 Newspage 中。这两张表构成主从关系。News 表中存放新闻的相关信息，但是一篇新闻文档可能要分成多页显示，因此每一页的具体内容是存放在 Newspage 表中。

第二步：实体对象层 Model 中的 News.cs 定义了 News 类。

```
public class News
    {
        #region Model
        private int _ID;
        private NewClass _NewClass;
        private string _Title;
        private string _Abstract;
        private string _Source;
        private string _Author;
        private DateTime _UpdateTime;
        private int _Click;
        private List<NewsPage> _Pages;
        private int _CurrentPageIndex=-1;
        private int _MaxPageNo=0;
        private int _PageCount = 0;
…
/// <summary>
        /// 新闻的页面列表
        /// </summary>
        public List<NewsPage> Pages
        {
            get
            {
                return _Pages;
            }
            set
            {
                _Pages = value;
                if (_Pages != null)
                {
                    if (_Pages.Count > 0)
                    {
                        _CurrentPageIndex = 0;
                    }
                }
            }
        }
        public string CurrentPageContent    //当前页的内容
        {
            get
            {           if (_CurrentPageIndex >= 0)
                    return Pages[_CurrentPageIndex].Content;
                else
                    return "";
            }
            set
            {
                if (_CurrentPageIndex >= 0)
                {
                    _Pages[_CurrentPageIndex].Content = value;
                }
                else
                {
                    AppendPage(value);
                }
            }

        }
```

第三步：业务逻辑层 BLL 中的 NewsSystem.cs 定义了添加新闻文档的方法。

```
public int Add_News(News news)
        {
            NewsSQL newsSQL = new NewsSQL();
            return (newsSQL.Add_News(news));
        }
```

第四步：数据访问层 DAL 中的 NewsSQL.cs 定义了 Add_News 方法。

```
public int Add_News(News news)
        {
            SQLHelper.SQLHelper sqlHelper = new SQLHelper.SQLHelper();
            SqlParameter[] ParamList ={
                sqlHelper.CreateInParam("@ClassID",SqlDbType.Int,4,news.NewClass.ClassID),
                sqlHelper.CreateInParam("@Title",SqlDbType.NVarChar,50,news.Title),
                sqlHelper.CreateInParam("@Abstract",SqlDbType.NVarChar,200,news.Abstract),
                sqlHelper.CreateInParam("@Source",SqlDbType.NVarChar,50,news.Source),
                sqlHelper.CreateInParam("@Author",SqlDbType.NVarChar,50,news.Author),
                sqlHelper.CreateInParam("@Content",SqlDbType.NText,0,news.CurrentPageContent ),
                sqlHelper.CreateInParam("@UpdateTime",SqlDbType.DateTime,8,news.UpdateTime),
                sqlHelper.CreateInParam("@Click",SqlDbType.Int,4,news.Click)
            };
            try
            {
                return (sqlHelper.RunProc("Add_News", ParamList));
            }
            catch (Exception ex)
            {
                SystemError.CreateErrorLog(ex.Message);
                throw new Exception(ex.Message, ex);
            }
        }
```

第五步：SQL 操作层 SQLHelper 中的 SQLHelper.cs 定义了 RunProc 方法，与上一节相同，不再复述。

第六步：存储过程 Add_News 被执行。

```
ALTER PROCEDURE [dbo].[Add_News]
(
    @ClassID int,
    @Title nvarchar (50),
    @Abstract nvarchar (200),
    @Source nvarchar(50),
    @Author nvarchar(50),
    @Content ntext,
    @UpdateTime Datetime,
    @Click int
)
AS
    declare @ID int
    BEGIN TRAN
    INSERT INTO   News(ClassID, Title, Abstract, Source,Author, Updatetime, Click)
        Values (@ClassID, @Title, @Abstract, @Source ,@Author,@Updatetime,@Click)
   set @ID =    @@Identity
   insert into   NewsPage (NewsID,PageNo,[Content]) values( @ID,1,@Content)
   COMMIT TRAN
   RETURN @ID
```

注意到上述存储过程中，添加的一篇新闻文档涉及了对表 News 与表 Newspage 的插入操作。由于 News 表的 ID 字段是一个标识字段，所以插入记录后会自动生成标识值，此标识 ID 是 NewsPage 表中的外键 NewsID。为了取得当前插入的 News 表中记录的 ID 值，使用了系统函数@@Identity。请仔细阅读以上存储过程，并体会通过存储过程封装了基本 SQL 语句后调用的方便性与程序的可靠性。

请在了解“添加新闻文档”过程的基础上，在 Visual Studio 2008 中打开源文件，对照上述过程再阅读相关源代码，并运行一下，理解页面上输入的新闻内容是如何存放到数据库表的 BLOB 字段中的。

在充分理解“添加新闻文档”过程后，尝试做如下工作：

在 Visual Studio 2008 打开解决方案，从页面 Update_News.aspx 开始，参照“添加新闻文档”过程的分析方法，理解修改新闻文档的过程。

13.3.4　图片的上传与管理过程

此系统中的图片内容以文件形式存放在服务器计算机的特定文件夹中，数据表中只存放图片文件的路径信息。这样做的好处是节省数据库的空间，并且查询速度较快，缺点是编码工作要复杂一些，既要维护数据库表，又要维护图片文件本身，并且要保证两者的一致。也有一些图片数据量不是很大的系统可能会直接将图片存放于数据库表的 BLOB 字段中。

此系统中，图片上传的基本思路是用 asp.net 提供的 FileUpload 控件将文件从客户端上传至服务器（请注意此控件不光可以上传图片文件，也可以上传其他类型的文件），再按一定的规则生成图片文件名（包含路径信息），然后以此文件名保存图片文件。最后将此文件路径名信息存入数据库表中的相关字段。由于要在多处用到图片上传功能，因此将图片上传功能包装成一个用户自定义控件 picture_upload。感兴趣的读者可以仔细阅读 picture_upload.ascx 及 picture_upload.ascx.cs 文件。

接下来以“文档分类”管理中的修改图片功能为例子来说明图片上传的具体过程。请注意到每个“文档分类”对象都有一个相关的 pic 属性，用来指出在显示此类别信息时的图标文件。

第一步：Web 页面 Get_NewClass.aspx 中的“修改”超链接提供修改一个“文档分类”对象的功能，如图 13-19 所示。点击后进入“文档分类”修改界面 Update_NewClass.aspx，如图 13-20 所示。在此界面上可以浏览并上传一幅新的图片来替换原有的图片文件。

图 13-19　文档分类管理界面

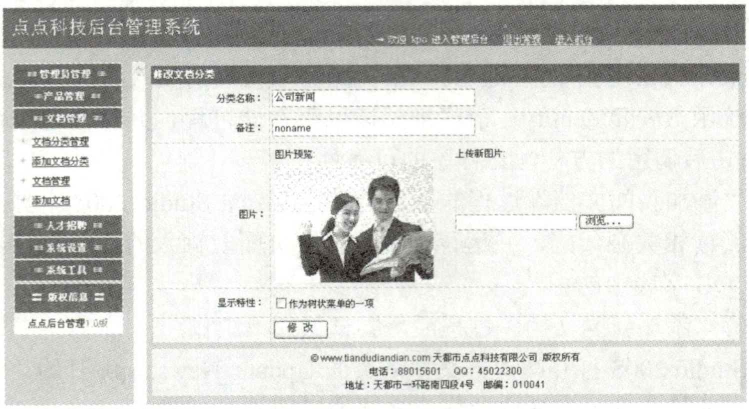

图 13-20 文档分类对象的修改界面

Update_NewClass.aspx 页面的后台代码 Update_NewClass.aspx.cs 中的关键过程。

```
protected void Update_Btn_Click(object sender, EventArgs e)
    {

        picture_upload1.PictureName = Pic.Value.ToString();

        picture_upload1.savePicture();

        NewClass newClass = new NewClass();
        newClass.ClassID = Int32.Parse(ClassID.Value.ToString());
        newClass.ClassName = ClassName.Text.ToString();
        newClass.ParentID = Int32.Parse(ParentID.Value.ToString());

        if (chkShowOnMenu.Checked)
            newClass.IsShowOnMenu = 1;
        else
            newClass.IsShowOnMenu = 0;
        newClass.Remark = Remark.Text.ToString();

        newClass.Pic = picture_upload1.PictureName;

        NewClassSystem newClassSystem = new NewClassSystem();
        newClassSystem.Update_NewClass(newClass);

        Response.Write("<script>alert('修改成功');</script>");

        BinData();
}
```

picture_upload.ascx 控件的后台代码 picture_upload.ascx.cs 中定义了将上传的图片文件保存在服务器计算机上的过程 savePicture。执行完 savePicturer 后，上传的图片已保存在服务器的计算机上了，并且获得了图片在服务器计算机上的路径名。接下来要做的就是将图片的路径名存入“文档分类”对象，然后再将对象存入数据库表。

```
public void savePicture()
    {
        if (FileUpload1.HasFile)
        {
            string savePath = @"../UploadFiles/";
            string savePath1 = @"../UploadFiles/small/";
            string savePath3 = @"../UploadFiles/";
            string savePath4 = @"../UploadFiles/small/";
            string fileName = Server.HtmlEncode(FileUpload1.FileName);
            string extension = System.IO.Path.GetExtension(fileName);
            string ImageName = "";
            if ((extension == ".jpg") | (extension == ".gif"))
            {
                ImageName = DateTime.Now.ToString("yyyyMMddhhmmssfff") + extension;
                savePath += ImageName;
                savePath1 += ImageName;
                savePath3 += PictureName;
                savePath4 += PictureName;
                savePath = Server.MapPath(savePath);
                savePath1 = Server.MapPath(savePath1);
                savePath3 = Server.MapPath(savePath3);
                savePath4 = Server.MapPath(savePath4);
                FileUpload1.SaveAs(savePath);
                ImageClass.ImageClass imageClass = new ImageClass.ImageClass();
                //取得原图片大小
                Size imgSize = imageClass.ImageSize(savePath);
                pic_width = (Int16)imgSize.Width;
                pic_height = (Int16)imgSize.Height;
                //生成小图
                imageClass.ShowThumbnail(savePath, savePath1, pic_width, pic_height);
                PictureName = ImageName;
                //删除旧图片
                kpo.kpoApp.FilePicDelete(savePath3);
                kpo.kpoApp.FilePicDelete(savePath4);
            }
            else
            {
                Response.Write("<script>alert('文件上传格式错误');history.back(1);</script>");
                Response.End();
            }
        }
}
```

第二步：实体对象层 Model 中的 NewClass.cs 定义了 NewClass 类。

```
public class NewClass
    {
        #region Model
        private int _ClassID;
        private int _ParentID;
        private string _ClassName;
        private string _FullName;
        private int _ParentOrder;
        private int _IsShowOnMenu;
        private string _Remark;
        private string _Pic;
        /// <summary>
        /// 新闻分类 ID
        /// </summary>
        public int ClassID
        {
            get
            {
                return _ClassID;
            }
```

```
/// <summary>
        /// 与分类绑定的图片
        /// </summary>
        public string Pic
        {
            get
            {
                return _Pic;
            }
            set
            {
                _Pic = value;
            }
        }
}
```

第三步：业务逻辑层 BLL 中的 NewClassSystem.cs 定义了修改“文档分类”的方法。

```
public void Update_NewClass(NewClass newClass)
        {
            NewClassSQL newClassSQL = new NewClassSQL();
            newClassSQL.Update_NewClass(newClass);
        }
```

第四步：数据访问层 DAL 中的 NewClassSQL.cs 定义了 Update_NewClass 方法。

```
public void Update_NewClass(NewClass newClass)
        {
            SQLHelper.SQLHelper sqlHelper = new SQLHelper.SQLHelper();
            SqlParameter[] ParamList ={
                sqlHelper.CreateInParam("@Classid",SqlDbType.Int,4,newClass.ClassID),
                sqlHelper.CreateInParam("@ParentID",SqlDbType.Int,4,newClass.ParentID),

sqlHelper.CreateInParam("@ClassName",SqlDbType.NVarChar,50,newClass.ClassName),

sqlHelper.CreateInParam("@IsShowOnMenu",SqlDbType.Int,4,newClass.IsShowOnMenu),
                sqlHelper.CreateInParam("@remark",SqlDbType.NVarChar,50,newClass.Remark),
                sqlHelper.CreateInParam("@Pic",SqlDbType.NVarChar,50,newClass.Pic)
            };
            try
            {
                sqlHelper.RunProc("Update_NewClass", ParamList);
            }
            catch (Exception ex)
            {
                SystemError.CreateErrorLog(ex.Message);
                throw new Exception(ex.Message, ex);
            }
        }
```

第五步：SQL 操作层 SQLHelper 中的 SQLHelper.cs 定义了 RunProc 方法，与上一节相同，不再复述。

第六步：存储过程 Update_NewClass 被执行。此存储过程在执行过程中调用了一个通用的存储过程 Update_TheClass。由于文档分类与产品分类信息具有很多共同之处，所在存放在同一张表 theClass 中。

```
ALTER PROCEDURE [dbo].[Update_NewClass]
(
        @Classid int,
        @ParentID int,
        @ClassName nvarchar(50),
        @isShowOnMenu int,
        @remark nvarchar(255),
        @Pic        nvarchar(255) --与分类绑定的图片文件名
)
AS

exec Update_TheClass @Classid, @ParentID, @ClassName,
     @isShowOnMenu, @remark ,@Pic
```

```
ALTER PROCEDURE [dbo].[Update_TheClass]
(
        @Classid int,
        @ParentID int,
        @ClassName nvarchar(50),
        @isShowOnMenu int,
        @remark nvarchar(255),
        @Pic        nvarchar(255) --与分类绑定的图片文件名
)
  AS
BEGIN TRAN
        UPDATE
                TheClass
        SET
                ParentID=@ParentID,
                ClassName=@ClassName,
                isShowOnMenu =@isShowOnMenu,
                remark=@remark,
                Pic=@Pic

        WHERE
                Classid=@Classid
COMMIT TRAN
```

注意：在存储过程 Update_NewClass 中，通过调用别的存储过程实现功能。请体会存储过程的这种调用对减少代码的冗余所带来的好处。

理解了以上几个处理过程后，在 Visual Studio 2008 打开解决方案，再将整个解决方案的源代码与存储过程代码完整地阅读几遍，体会系统中其他功能的实现过程。在此基础上尝试开发一个新的数据库应用系统，就可以比较好的掌握基于 B/S 模式的 SQL Server 2008 数据库应用系统开发的基本方法与技巧了。

13.4 打开解决方案并调试运行的注意事项

首先在计算机上安装 Visual Studio 2008 与 SQL Server 2008 数据库管理系统，然后将所附的源代码压缩文件 companyWeb.rar 解压到某处，双击 companyWeb 文件夹下的 Web.sln 即可在 Visual Studio 2008 中打开整个解决方案。

在系统运行之前，应将 db 子文件夹下的 company_Data.mdf 文件附加成为 SQL Server 2008 数据库（注意：SQL Server 2000 不能附加此数据库文件）。

在打开的解决方案中，在 Web 子文件夹下找到 Web.config 文件，双击打开后编辑：

<add key="SQLCONNECTIONSTRING" value="data source= WWW-DA8780C4F63\SQLEXPRESS;uid=sa;pwd=sa;database=companyWeb">

将其中的 data source 设置为实验所用的计算机上的数据库服务器连接串，uid 与 pwd 也要相应地进行设置。设置过程如图 13-21 所示。

在 Visual Studio 2008 中单击调试运行按钮即可得到如图 13-1 所示的系统首页界面。注意安装了 Visual Studio 2008 后，调试 Web 应用程序不需要单独安装 IIS Web 服务器，Visual Studio 2008 自身带有用于调试 Web 页面的小型 Web 服务器。

在系统首页的右下角单击“技术支持：点点科技”超链接，可以进入后台登录页面，初始的管理员账户为 kpo，密码为 kpo。登录后即可得到如图 13-2 所示的后台管理界面。

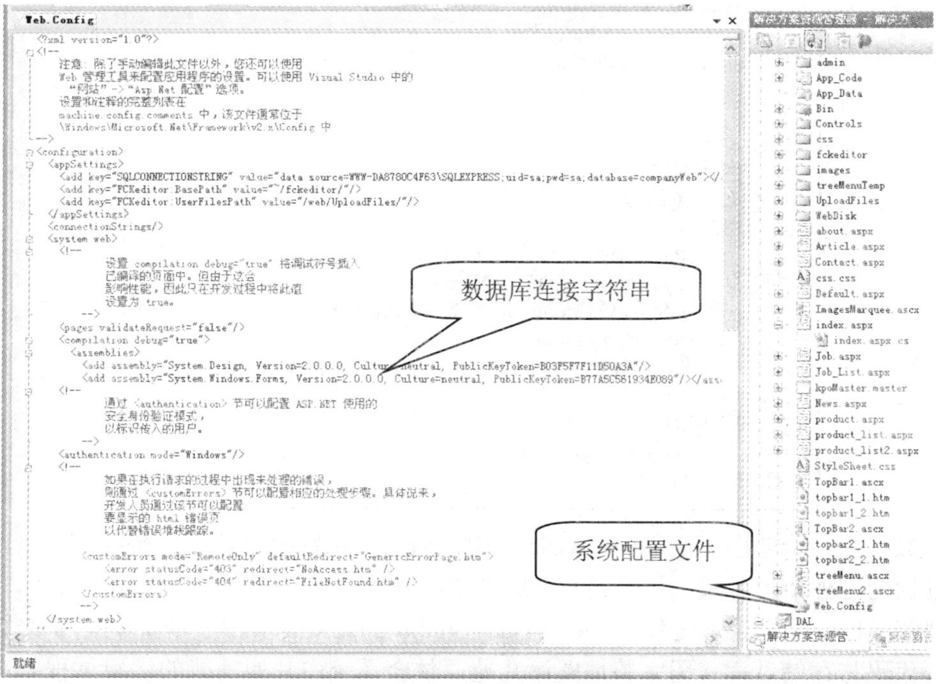

图 13-21 配置数据库连接串